Word・Excel・PPT

现代商务办公 从新手到高手

（畅销升级版）

德胜书坊 编著

中国青年出版社
CHINA YOUTH PRESS

律师声明

北京市中友律师事务所李苗苗律师代表中国青年出版社郑重声明：本书由著作权人授权中国青年出版社独家出版发行。未经版权所有人和中国青年出版社书面许可，任何组织机构、个人不得以任何形式擅自复制、改编或传播本书全部或部分内容。凡有侵权行为，必须承担法律责任。中国青年出版社将配合版权执法机关大力打击盗印、盗版等任何形式的侵权行为。敬请广大读者协助举报，对经查实的侵权案件给予举报人重奖。

侵权举报电话

全国"扫黄打非"工作小组办公室　　　中国青年出版社
010-65233456　65212870　　　　　010-50856028
http://www.shdf.gov.cn　　　　　　　E-mail: editor@cypmedia.com

图书在版编目（CIP）数据

Word/Excel/PPT现代商务办公从新手到高手: 畅销升级版 / 德胜书坊编著.
— 北京: 中国青年出版社, 2015.9
ISBN 978-7-5153-3663-3
I.①W... II.①德... III.①办公自动化—应用软件　IV.①TP317.1
中国版本图书馆CIP数据核字（2015）第184117号

Word/Excel/PPT现代商务办公从新手到高手（畅销升级版）
德胜书坊　编著

出版发行：	中国青年出版社
地　　址：	北京市东四十二条21号
邮政编码：	100708
电　　话：	（010）50856188 / 50856199
传　　真：	（010）50856111
企　　划：	北京中青雄狮数码传媒科技有限公司
策划编辑：	张海玲　张　鹏
责任编辑：	刘冰冰
封面设计：	彭　涛　吴艳蜂
印　　刷：	北京瑞禾彩色印刷有限公司
开　　本：	787×1092　1/16
印　　张：	19.5
版　　次：	2015年10月北京第1版
印　　次：	2016年9月第6次印刷
书　　号：	ISBN 978-7-5153-3663-3
定　　价：	49.90元（附赠超值光盘，含教学视频与丰富素材）

本书如有印装质量等问题，请与本社联系
电话：(010) 50856188 / 50856199
读者来信：reader@cypmedia.com
投稿邮箱：author@cypmedia.com
如有其他问题请访问我们的网站：http://www.cypmedia.com

PREFACE / 前言

首先感谢您阅读本书!

随着计算机知识的普及与网络技术的飞速发展,办公自动化成为了现实,越来越多的个人、单位都已开始使用Microsoft Office软件来开展自己的工作。在微软套装软件中,使用频率最高的即为Word、Excel、PowerPoint这3个组件。为此,本书也将围绕这三个组件展开详细介绍,帮助读者在最短的时间内熟练掌握Office 2013的相关操作,并逐步应用到日常办公中。

本书针对初学者的学习特点,在结构上采用"由简单到深入、由单一应用到综合应用"的组织思路,在写作上采用"图文并茂、一步一图、理论与实际相结合"的教学原则,全面具体地对Word 2013/Excel 2013/PowerPoint 2013的使用方法、操作技巧、实际应用、问题分析与处理等方面进行了阐述。与此同时,在正文讲解过程中还穿插介绍了很多操作技巧。如此安排,旨在让读者学会办公软件→掌握操作技能→熟练应用于工作之中。

全书共11章,其中各部分内容介绍如下:

章 节	主 讲	内容介绍
第01-04章	Word 2013	介绍了Word文档的编辑方法、图文混排功能的应用、表格的编辑与应用、SmartArt图表的应用、样式与模板的应用等
第05-08章	Excel 2013	介绍了Excel表格的编辑与美化,函数与公式的应用,数据的排序、筛选与分类汇总,图表的创建与美化,数据透视图/表的应用等
第09-11章	PowerPoint 2013	介绍了PPT演示文稿的创建与编辑,幻灯片的编辑与设计,幻灯片动画效果的设计、幻灯片切换效果的制作,演示文稿的放映操作等

为了使更多想要学习电脑的读者快速掌握这门知识,并能将其应用到现代办公中。我们特别推出了这本简单、易学、方便实用的图书。相信本书全面的知识点、技巧的精华提炼、细致的讲解过程以及全书富有变化性的结构层次,绝对让您感觉物超所值。本书不仅可供想要学好Word/Excel/PPT商务办公的用户使用,还可以作为电脑办公培训班的培训教材或学习辅导书。

在编写过程中力求严谨细致,但由于时间与精力有限,疏漏之处在所难免,望广大读者批评指正。欢迎加入Office职场交流QQ群:74200601

作 者

CONTENTS 目录

1 Chapter 使用Word制作普通的文本文档

- 1.1 制作公司邀请函 ··· 010
  - 1.1.1 输入邀请函文本 ··································· 010
  - 1.1.2 设置文本格式 ······································ 011
- 1.2 制作公司聘用协议 ······································· 013
  - 1.2.1 编辑协议内容 ······································ 013
  - 1.2.2 设置文档格式 ······································ 015
  - 1.2.3 插入协议封面 ······································ 018
- 1.3 制作公司购销合同 ······································· 018
  - 1.3.1 编排合同内容 ······································ 018
  - 1.3.2 添加合同页码 ······································ 027
  - 1.3.3 查阅合同内容 ······································ 028
  - 1.3.4 保护合同内容 ······································ 032
- 1.4 制作公司考勤制度 ······································· 034
  - 1.4.1 输入文档内容 ······································ 034
  - 1.4.2 设置文档格式 ······································ 039
  - 1.4.3 美化文档 ·· 042

2 Chapter 使用Word制作图文混排的文档

- 2.1 制作工作流程图 ··· 045
  - 2.1.1 使用SmartArt制作流程图 ······················ 045
  - 2.1.2 使用形状工具制作流程图 ······················ 048
- 2.2 制作旅游宣传单 ··· 053
  - 2.2.1 制作宣传单页头内容 ···························· 053
  - 2.2.2 编排正文内容 ···································· 059
  - 2.2.3 制作宣传单页尾内容 ···························· 063
- 2.3 制作公司年度简报 ······································· 065
  - 2.3.1 设计简报报头版式 ······························ 065
  - 2.3.2 设计简报内容版式 ······························ 068
  - 2.3.3 设计简报报尾版式 ······························ 074

3 Chapter

使用Word制作带表格的文档

3.1 制作公司招聘简章 ··· 076
- 3.1.1 输入简章内容 ································ 076
- 3.1.2 插入职位列表 ································ 078
- 3.1.3 设置表格格式 ································ 080

3.2 制作个人简历 ·· 082
- 3.2.1 插入简历表格 ································ 082
- 3.2.2 填写并设置表格内容 ······················ 085
- 3.2.3 设置表格样式 ································ 086

3.3 制作公司办公开支统计表 ······························ 088
- 3.3.1 插入并输入表格内容 ······················ 088
- 3.3.2 统计表格数据 ································ 090
- 3.3.3 根据表格内容插入图表 ·················· 092
- 3.3.4 美化表格 ······································· 094

4 Chapter

使用Word模板制作办公常用文档

4.1 制作企业红头公文模板 ·································· 098
- 4.1.1 制作公文头 ···································· 098
- 4.1.2 制作公文正文内容 ························· 102
- 4.1.3 保存模板文档 ································ 107
- 4.1.4 制作联合公文文头 ························· 107

4.2 制作公司员工工作证 ···································· 109
- 4.2.1 设计工作证版面 ····························· 109
- 4.2.2 批量生成工作证 ····························· 114

综合案例 制作电子调查问卷 ································· 118

5 Chapter

使用Excel制作普通工作表

5.1 制作员工能力考核表 ···································· 131
- 5.1.1 创建表格内容 ································ 131
- 5.1.2 设置表格格式 ································ 133
- 5.1.3 为表格添加边框 ····························· 137

5.2 制作员工通讯录 ··· 138

	5.2.1	输入通讯录内容	138
	5.2.2	编辑通讯录表格	141
	5.2.3	查找和替换通讯录内容	146
	5.2.4	打印员工通讯录	147
5.3	制作员工档案表		148
	5.3.1	输入并设置员工基本信息	148
	5.3.2	设置表格样式	154
	5.3.3	创建超链接	156
	5.3.4	保护表格内容	157

Chapter 6 使用Excel函数对数据进行运算

6.1	制作员工培训成绩表		160
	6.1.1	使用公式输入数据	160
	6.1.2	使用基本公式进行计算	164
	6.1.3	计算名次	167
	6.1.4	统计参加考试的人数	168
6.2	制作员工工资单		169
	6.2.1	设置工资表格式	169
	6.2.2	计算员工工资相关数据	171
	6.2.3	制作工资查询表	175
	6.2.4	工资表页面设置	178
	6.2.5	制作并打印工资条	179
6.3	制作万年历		181
	6.3.1	使用函数录入日期	181
	6.3.2	美化万年历	187

Chapter 7 使用Excel对数据进行管理和分析

7.1	制作电子产品销售统计表		192
	7.1.1	输入表格数据	192
	7.1.2	对表格数据添加条件格式	194
	7.1.3	对表格数据进行排序	198
	7.1.4	对表格数据进行筛选	200
7.2	制作电器销售分析表		202
	7.2.1	销售表的排序	202
	7.2.2	销售表数据分类汇总	203
	7.2.3	销售表的筛选操作	208

8 Chapter 使用Excel对数据进行图形化展示

8.1 制作电子产品销售图表 ··· 211
    8.1.1 常用图表种类介绍 ·· 211
    8.1.2 创建销售图表 ·· 212
    8.1.3 调整图表布局 ·· 215
    8.1.4 美化图表 ··· 216

8.2 制作电子产品销售透视表/透视图 ···························· 220
    8.2.1 创建产品销售透视表 ·· 220
    8.2.2 编辑透视表数据信息 ·· 221
    8.2.3 设置数据透视表样式 ·· 224
    8.2.4 创建产品销售透视图 ·· 225

综合案例 对员工工资数据进行分析 ······························· 226

9 Chapter 使用PPT制作普通演示文稿

9.1 制作新产品推广演示文稿 ······································· 240
    9.1.1 创建演示文稿 ·· 240
    9.1.2 保存演示文稿 ·· 242
    9.1.3 使用母版创建幻灯片背景 ····································· 243
    9.1.4 制作幻灯片封面 ·· 245
    9.1.5 制作幻灯片正文内容 ·· 249
    9.1.6 制作幻灯片结尾 ·· 252

9.2 制作公司宣传演示文稿 ·· 253
    9.2.1 使用母版制作幻灯片背景 ····································· 253
    9.2.2 制作幻灯片封面 ·· 255
    9.2.3 制作幻灯片内容 ·· 256
    9.2.4 制作幻灯片结尾 ·· 264

10 Chapter 使用PPT制作动感演示文稿

10.1 制作培训课件文稿 ··· 267
    10.1.1 为幻灯片添加超链接 ·· 267
    10.1.2 添加与编辑音频文件 ·· 271
    10.1.3 添加与编辑视频文件 ·· 274

10.2 制作动感产品宣传演示文稿 ·································· 277

CONTENTS

  10.2.1 设置封面幻灯片动画效果 …………………………………………… 277
  10.2.2 设置正文幻灯片动画效果 …………………………………………… 283
  10.2.3 设置幻灯片结尾动画效果 …………………………………………… 286
  10.2.4 设置演示文稿切换效果 ……………………………………………… 286

11 Chapter 使用PPT放映演示文稿

11.1 放映公司宣传演示文稿 ………………………………………………… 290
  11.1.1 设置幻灯片放映类型 ………………………………………………… 290
  11.1.2 设置排练计时 ………………………………………………………… 291
  11.1.3 放映幻灯片 …………………………………………………………… 292
  11.1.4 输出与打包演示文稿 ………………………………………………… 295
`综合案例` 制作生活礼仪常识演示文稿 ……………………………………… 298

Chapter 1

使用Word制作普通的文本文档

对于从事办公文秘、行政人员来说，Word软件是再熟悉不过了。它是处理办公文件最基本的软件，使用该软件可轻松地制作出公司一些内部文件，例如通知、拟定合同、客户函件、人事招聘、资料归档等。本章将向用户介绍Word基本操作以及如何使用该软件来建立文档。

本章所涉及的知识要点：

- ◆ 文档内容录入
- ◆ 文档格式设置
- ◆ 文档页面尺寸设置
- ◆ 文档内容编排设置
- ◆ 文档预览方式设置
- ◆ 文档美化设置

本章内容预览：

制作邀请函

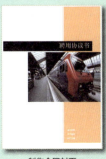

制作合同封面

制作规章制度

1.1 制作公司邀请函

邀请函是邀请亲朋好友、知名人士、专家或单位合作伙伴等参加某项活动时所发出的邀约性书信，它是一种日常应用写作的文种。一般邀请函的主体结构大致是由"标题、称谓、正文、落款"这四个部分组成。下面将以商务活动邀请函为例，来介绍其制作过程。

1.1.1 输入邀请函文本

启动 Word 2013 软件后，新建一份空白文档，即可进行文本输入界面。

1 设置文档页面尺寸

在输入文本内容前，通常都会对当前文档的页面进行一些必要的设置。例如设置纸张大小、页边距值等，其具体设置方法如下：

步骤 01 新建空白文档。双击 Word 2013 图标，系统将自动打开 Word 新建界面，选择"空白文档"选项，即可打开新文档。

步骤 02 设置纸张大小。单击"页面布局"选项卡，在"页面设置"选项组中，单击"纸张大小"下拉按钮，在下拉列表中，根据需要选择所需选项，这里默认为"A4"。

步骤 03 设置页边距。在"页面布局"选项卡中，单击"页面设置"右侧对话框启动按钮，在"页面设置"对话框的"页边距"选项卡中，将"上""下""左""右"边距值都设为2。

步骤 04 完成页面设置。设置好后，单击"确定"按钮，关闭该对话框，完成当前文档页面布局设置。

2 输入邀请函文本内容

页面尺寸设置好后，用户只需在文档光标处输入相应的文本内容。若要另起一行，只需按键盘上的 Enter 键即可。

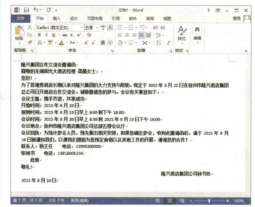

1.1.2 设置文本格式

文本格式的设置包括字体格式和段落格式两种。当文本内容输入完成后，一般都需要对其文本格式进行一些必要设置。其中段落格式设置包括段前段后的间距值、行距值及字符缩进值等。

1 设置字体格式

有些应用文的写作，对于文档字体格式是有一定的要求。用户需根据相应的格式要求，对文档字体进行设置，设置方法如下：

步骤 01 设置标题字体。选中文档标题，单击"开始"选项卡，在"字体"选项组中，单击"字体"下拉按钮，选择"黑体"选项。

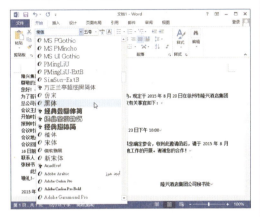

步骤 02 设置标题字号。在"字体"选项组中，单击"字号"下拉按钮，在下拉列表中，选择"二号"选项。

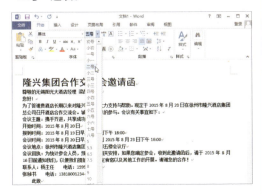

步骤 03 设置正文字体。选中正文内容，在"字体"选项组中，单击"字体"下拉按钮，选择"仿宋"选项。

步骤 04 设置正文字号。在"字体"选项组中，单击"字号"下拉按钮，选择"四号"选项。

步骤 05 正文字体加粗设置。在正文中，选择要加粗的文本，在"字体"选项组中，单击"加粗"按钮，即可完成文本加粗操作。

步骤06 设置落款文本格式。选中落款文本，单击"字体"下拉按钮，选择"黑体"选项，并将"字号"设为"四号"选项。

2 设置段落格式

段落设置主要是对文档的段前段后值、段落行距值以及段落字符缩进值进行设置，其具体操作如下：

步骤01 标题居中设置。选中文档标题文本，在"开始"选项卡的"段落"选项组中，单击"居中"按钮，即可将标题居中显示。

步骤02 选择"首行缩进"标尺滑块。将光标定位至正文首位，再将光标移动至标尺滑块上，此时系统则提示"首行缩进"信息。

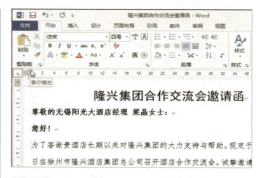

步骤03 拖动滑块完成操作。按住鼠标左键拖动该滑块至标尺2位置上，放开鼠标完成该段落缩进操作。

步骤04 设置标题段前段后值。选中标题文本，单击"段落"选项组对话框启动按钮，在"段落"对话框中，将"段前"和"段后"值设为2。

步骤 05 完成操作预览文档。单击"确定"按钮，完成段落格式设置。单击"文件"选项卡，选择"打印"选项，在右侧打印页面中，则可查看到该文档预览效果。

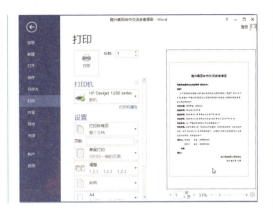

1.2 制作公司聘用协议

聘用协议亦称聘任合同，是单位与职工按照国家的有关法律、政策，在平等自愿、协商一致的基础上，订立的关于履行有关工作职责的权利义务关系的协议，是劳动合同的一种。下面将以制作公司聘用协议为例，来介绍Word编辑功能的应用。

1.2.1 编辑协议内容

通常一些合同、协议书之类的文书，都有现成的范文，无需自己输入合同内容。用户只需根据公司实际需求做相应的修改即可。

1 查找替换文本内容

在长文档中，想要快速查找或替换某字词，则需要使用"查找和替换"命令，其具体操作如下：

步骤 01 双击打开素材文件。双击"聘用协议"素材文件，启动Word软件并将其打开。

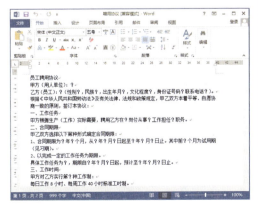

步骤 02 打开"查找和替换"对话框。单击"开始"选项卡，在"编辑"选项组中，单击"替换"按钮，打开"查找和替换"对话框。

步骤 03 输入查找内容。将光标定位至"查找内容"文本框中，输入"？"。

步骤 04 替换空格。将光标定位至"替换为"文本框中，按几下空格键，其后单击"更多"按钮，在打开的扩展列表中，单击"格式"下拉按钮，选择"字体"选项。

步骤 05 设置空格格式。在"替换字体"对话框中，单击"下划线线型"下拉按钮，选择加粗下划线选项，单击"确定"按钮。

步骤 06 查看替换格式。设置好后，在"查找和替换"对话框中，用户则可看到替换格式。

步骤 07 查找文档中的"？"。当替换格式正确后，单击"替换"按钮，此时在文档中，系统则会查找并高亮显示"？"。

步骤 08 完成替换。再次单击"替换"按钮，此时查找到的"？"会被替换成所选的下划线，与此同时，系统则会自动查找到下一个"？"。

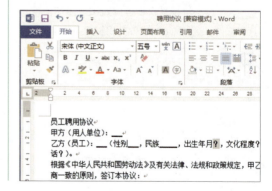

步骤 09 设置全部替换。用户也可在"查找和替换"对话框中，单击"全部替换"按钮，此时在打开的提示框中，则显示了替换信息。

步骤 10 查看最终替换效果。单击"确定"按钮，关闭提示框，此时用户可查看到该文档的最终替换效果。

2 添加文本下划线

如果想在文档必要处，添加下划线，可使用"下划线"功能进行绘制，其方法如下：

步骤 01 启动"下划线"命令。将光标定位至所需位置，单击"开始"选项卡，在"字体"选项组中，单击"下划线"下拉按钮，并选择下划线样式。

步骤 02 添加下划线。然后在光标处，按空格键即可添加下划线。多次按空格键，则可延长下划线。

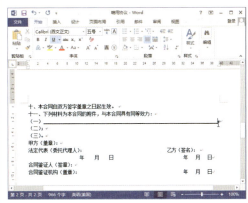

步骤 03 完成剩余下划线的添加。按照同样的操作方法，完成文档剩余下划线的添加。

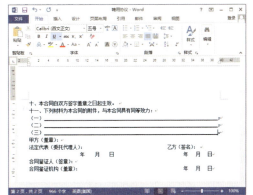

1.2.2 设置文档格式

协议文档内容修改完成后，用户则可对文档格式进行设置。

1 设置文本格式

选中协议文档的标题文本，在"开始"选项卡的"字体"选项组中，将"字体"设为"黑体"；将"字号"设为"二号"。

将协议正文段落标题以及落款格式设为"加粗"显示。

2 设置段落格式

单击"开始"选项卡,在"段落"选项组中,用户可对该文档的段落格式进行设置,其方法如下:

步骤01 设置标题段前段后值。选中标题内容,在"段落"选项组中,单击"居中"按钮,设置标题文本居中显示,其后打开"段落"对话框,将"段前""段后"值设为2。

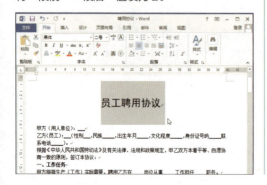

步骤02 设置段落缩进值。选中所需段落,在"段落"对话框中,单击"特殊格式"下拉按钮,选择"首行缩进"选项。

> **操作提示**
>
> **取消下划线功能**
> 在启动"下划线 U"功能状态下,无论是输入文字还是其他字符,该字符都会添加下划线,若想取消下划线,则需再次单击"下划线"按钮,将其功能关闭即可取消。

步骤03 设置剩余段落首行缩进。按照同样的操作方法,将剩余段落设置为首行缩进。

步骤04 设置段落行间距。全选协议正文,在"段落"对话框中,单击"行距"下拉按钮,选择"1.5倍行距"选项,单击"确定"按钮。

步骤 05 设置页边距。单击"页面布局"选项卡，单击"页面设置"选项组右下角的对话框启动器按钮，打开"页面设置"对话框，将页边距设为2，单击"确定"按钮。

步骤 06 设置落款的段前值。选中协议落款"甲方（盖章）"文本，在"段落"对话框中，将"段前"设为2。

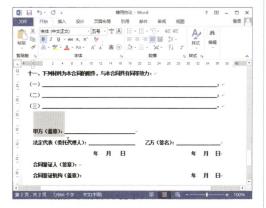

3 添加项目符号

为了让段落内容更加醒目，可在段落开头添加项目符号，其操作方法如下：

步骤 01 启动"项目符号"命令。在正文中，选择要添加项目符号的段落文本，在"段落"选项组中，单击"项目符号"下拉按钮，在打开的符号库中，选择满意的项目符号图形。

步骤 02 查看添加效果。选择完成后，被选中的段落起始位置已添加该项目符号图形。

步骤 03 启动"格式刷"命令。选中刚添加项目符号的段落，在"开始"选项卡的"剪贴板"选项组中，单击"格式刷"按钮。

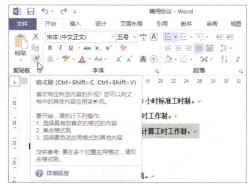

步骤 04 复制段落格式。当光标转换成刷子形状后，选中需添加项目符号的目标段落，即可完成段落格式的复制操作。

1.2.3 插入协议封面

若想对协议添加封面，可使用Word的"封面"功能进行操作，其方法如下：

`步骤 01` 启动"封面"功能。单击"插入"选项卡，在"页面"选项组中，单击"封面"下拉按钮，并在其列表中选择满意的封面样式。

`步骤 02` 输入封面标题内容。选中"文档标题"文本框，并输入协议书标题文本。

`步骤 03` 删除内容控件。选中"作者"文本框，单击鼠标右键，在快捷菜单中选择"删除内容控件"命令。

`步骤 04` 输入封面内容。在光标处，输入封面剩余文本内容。

`步骤 05` 完成操作预览效果。设置完成后，单击"文件"选项，选择"打印"选项，此时在打印页面右侧预览框中即可查看最终效果。

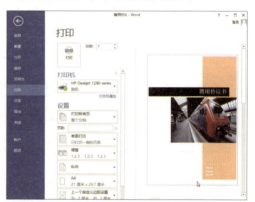

1.3 制作公司购销合同

购销合同是买卖合同的变化形式，它同买卖合同的要求基本上是一致的。主要是指供方（卖方）同需方（买方）根据协商一致的意见，由供方将产品交付给需方，需方接受产品并按规定支付价款的协议。下面将以商品房购销合同为例，来介绍Word排版功能。

1.3.1 编排合同内容

启动Word软件，在新建的空白文档中，用户根据实际情况录入合同内容，下面将具体介绍其操作方法。

1 编排合同封面内容

在Word中，除了可使用系统自带的封面样式外，用户还可自行设计封面。

步骤01 设置页面尺寸。启动 Word 2013 软件，新建空白文档。切换至"页面布局"选项卡，单击"页面设置"选项组的对话框启动器按钮，打开"页面设置"对话框，将纸张大小设为 A4，将"页边距"设为 2.5。

步骤02 输入封面内容。页面设置后，将光标定位至所需位置，输入合同封面文本内容。

> **操作提示**
> **更改字体字号**
> 单击"开始"选项卡上"字体"组中的对话框启动器按钮，打开"字体"对话框，从中可以对字体和字号进行更改。

步骤03 设置"合同编号"文本格式。选中"合同编号"文本，将"字体"设为"黑体"，将"字号"设为18。

步骤04 设置标题文本格式。选中"商品房购销合同"文本，将"字体"设为"黑体"，将"字号"设为48，并将该文本居中显示。

步骤05 设置副标题文本格式。选择副标题文本内容，将"字体"设为"黑体"，将"字号"设为20，将文本居中显示。

> **高手妙招**
> **快速调整页边距**
> 除了在"页面设置"对话框中设置页边距外，用户还可将光标定位到标尺上，当光标转换成双向箭头时，按住鼠标左键，拖动光标至满意位置时，放开鼠标即可完成当前边距的调整操作。

步骤06 设置标题段前值。选中标题文本，打开"段落"对话框，将"段前"设为9，单击"确定"按钮。

步骤09 输入文本框内容。选择完成后，在文档中插入空白文本框。在该文本框中，输入"监制"文本内容。

步骤07 设置副标题段前值。选择副标题文本"四川省建设厅"，在"段落"对话框中，将其"段前"值设为18，单击"确定"按钮。

步骤08 启动"文本框"功能。单击"插入"选项卡，在"文本"选项组中，单击"文本框"下拉按钮，在下拉列表中选择"简单文本框"选项。

步骤10 设置文本格式。选中"监制"文本，将其"字体"设为"黑体"，将"字号"设为18。

> **操作提示**
>
> **文本框的作用**
> 文本框是绘图工具的一种，它分为横排和竖排两种类型。用户可将文本框灵活地安插在文档任意位置。利用文本框排版会使得文档版面更加丰富多彩。

步骤11 设置文本框布局。选中文本框后，单击"布局选项"按钮，在打开的"布局选项"列表中，根据需要选择布局方式，这里选择"浮于文字上方"选项。

步骤12 设置文本框属性。选中文本框，单击鼠标右键，在快捷菜单中选择"设置形状格式"命令。

步骤13 设置文本框填充颜色。在"设置形状格式"窗格的"形状选项"中，单击"填充"按钮，并在其列表中选择"无填充"选项。

步骤14 设置文本框边框颜色。同样在该界面中，单击"线条"选项按钮，在其列表中选择"无线条"选项。

步骤15 查看效果。设置完成后，关闭该窗格，即可查看设置效果。

步骤16 应用"符号"功能。将光标定位到"合同编号"后，单击"插入"选项卡，在"符号"选项组中，单击"符号"下拉按钮，选择"其他符号"选项。

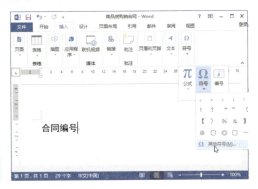

步骤 17 选择符号。在"符号"对话框中,用户可在符号列表中,选择所需符号样式。

> **操作提示**
>
> **插入特殊字符**
> 在"符号"对话框中,除了可插入特殊符号,也可插入一些特殊字符。例如商标、注册、版权所有字符等,单击"特殊字符"选项卡,选中所需字符,单击"插入"按钮即可。

> **高手妙招**
>
> **利用输入法插入特殊符号**
> 使用输入法也可快速插入特殊符号,下面将以QQ输入法为例,来介绍其操作方法:选中输入法界面,单击鼠标右键,选择"拼音工具"选项,在级联菜单中选择"符号和表情"选项,在"QQ拼音符号输入器"对话框中,单击"特殊符号"选项卡,并在其列表中,选择所需符号即可。

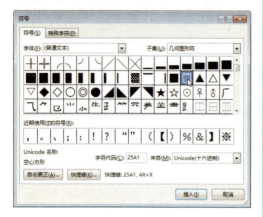

步骤 18 插入符号。选择完成后,单击"插入"按钮,关闭该对话框,此时在光标处即可插入该符号。

步骤 21 完成封面内容的编排。按照同样的操作,再次复制粘贴剩余符号,操作完成后,即可完成封面文本的编排。

步骤 19 复制符号。选择插入的符号,单击鼠标右键,选择"复制"命令。

步骤 20 粘贴符号。在需要粘贴符号处,单击鼠标右键,选择"保留源格式"选项,粘贴该符号。

2 编排合同首页内容

合同封面制作完毕后,将光标定位至封面末尾处,按Enter键即可添加下一空白页。在该空白页上,用户则可输入首页内容,其方法如下:

步骤 01 输入首页标题内容。单击"开始"选项卡,在"字体"选项组中,将标题字体设为"黑体",将"字号"设为"三号",其后输入标题内容。

步骤 02 输入正文内容。将正文文本的"字号"设为"四号",将"字体"设为"宋体",输入正文的信息内容。

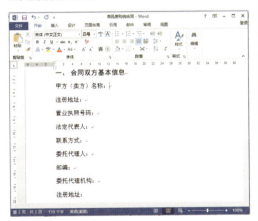

步骤 03 启动"制表符"功能。将光标放置在"营业执照号码"末尾处,其后在标尺左上角制表符处,单击该制表符,将其转换成左对齐制表符。

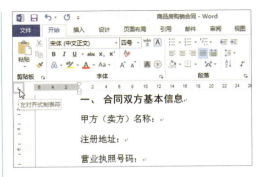

步骤 04 定位表位。单击标尺约21处,即可将左对齐制表符进行定位。

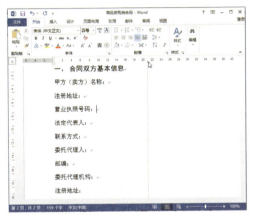

步骤 05 定位光标。按键盘上的TAB键,此时光标将迅速定位至刚设置的制表符处。

步骤 06 输入文本内容。在该光标处输入文本内容。

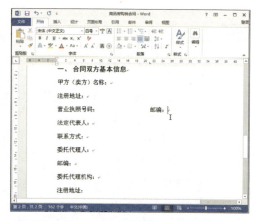

> **步骤 07** 查看制表符精确位置。双击设定的左对齐制表符，打开"制表位"对话框，在"制表位位置"文本框中，可查看其精确位置。

> **步骤 08** 设置默认制表位。在该对话框中，将"默认制表位"设置为20.93，单击"确定"按钮，完成设置。

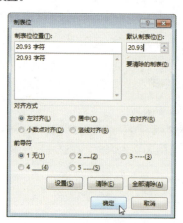

> **步骤 09** 按Tab键输入内容。将光标放置在"法定代表人"末尾处，按Tab键，此时光标已定位至制表符处，输入文本内容。

操作提示

制表位功能介绍

制表位是指按Tab键后，光标移动的距离。默认情况下，每按一次Tab键，光标会自动向右移动2个字符距离。利用该功能，可实现文本自动对齐的效果。制表位不仅控制着文本显示的位置，而且还指定了文本的对齐方式。在Word中包含5种制表符，分别为：左对齐、居中对齐、右对齐、小数点对齐以及竖线对齐。单击这些制表符，可来回切换使用。

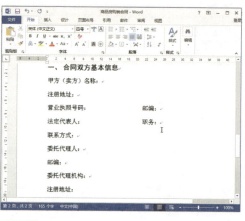

> **步骤 10** 输入剩余文本内容。再次将光标放置"联系方式"末尾处，按 Tab 键，定位光标，并输入内容。按照同样的操作，完成剩余内容的输入。

步骤 11 绘制下划线。单击"开始"选项卡，在"字体"选项组中，单击"下划线"按钮，在所有文本后添加下划线。

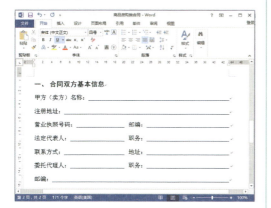

步骤 12 调整首页内容的行间距。将标题正文的"段前""段后"设置为1.5，其行间距设为1，将正文的"段前""段后"设为0.5。

步骤 13 查看首页预览效果。设置完成后，单击"文件"标签，选择"打印"选项，此时在右侧预览视图中则可查看首页预览效果。

3 编排合同正文内容

同类合同的正文内容大多都是大同小异，用户只需在其他资料文档中，将所需的内容进行复制粘贴，其后进行简单的编排修改即可。

步骤 01 打开素材文档。单击"文件"标签，选择"打开"选项，在"打开"对话框中，选择好文件路径，并选择"商品房购销合同"文档，单击"打开"按钮。

> **高手妙招**
>
> **使用快捷键快速打开文档**
> 在操作过程中，若想快速打开另一文档，只需按"Ctrl+O"快捷键，则可打开"打开"对话框，并选择文档。

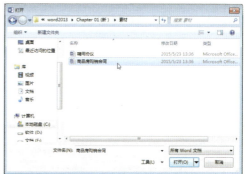

步骤 02 全选素材文档。在打开的素材文档中，按Ctrl+A快捷键，全选文档。

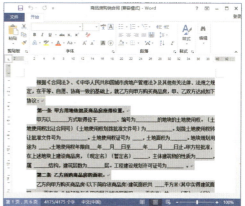

步骤 03 复制正文内容。在素材文档中，单击鼠标右键，选择"复制"命令。

步骤 04 粘贴正文内容。在正文光标处，单击鼠标右键，选择"保留源格式"选项，完成粘贴操作。

步骤 06 完成分页操作。此时正文内容将显示在下一页面上。

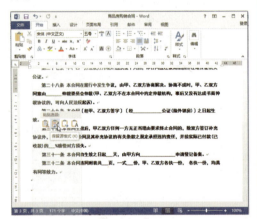

> **操作提示**
>
> **Office 2013粘贴功能介绍**
> Office 2013在粘贴功能上进行了改进。当用户进行粘贴操作时，系统将根据复制的源数据自动提供适合的粘贴选项，例如"保留源格式""合并格式"以及"只保留文本"这3个选项。当用户指向某一粘贴项时，系统则会在文档中显示预览粘贴效果，若该效果不满意，可直接指向其他粘贴项，并查看效果，确定选项后，单击该粘贴选项，则可完成粘贴操作。

步骤 07 输入正文标题内容。将光标定位至正文起始位置，按Enter键，另起一行。在空白行输入标题内容。

步骤 05 启动"分页符"功能。将光标定位正文内容起始位置，单击"页面布局"选项卡，在"页面设置"选项组中，单击"分隔符"下拉按钮，选择"分页符"选项。

步骤08 复制格式。选中首页标题内容，启动"格式刷"命令，将其格式复制到正文标题文本内容上。

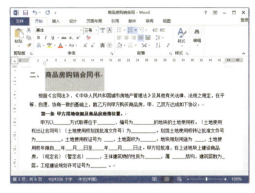

步骤09 浏览内容并修改。对复制的合同内容进行浏览，并对其进行必要的修改。

步骤10 输入合同落款内容。使用"制表符"和"下划线"功能，将合同落款内容进行输入。

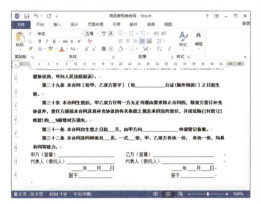

步骤11 设置落款格式。对输入好的落款文本格式、行距进行设置。

1.3.2 添加合同页码

对于长篇文档来说，为文档添加页码是有必要的。在 Word 2013 中，使用"页码"功能，即可轻松地完成文档页码的添加。下面将介绍其具体操作方法。

步骤01 启动"页码"功能。单击"插入"选项卡，在"页眉页脚"选项组中，单击"页码"下拉按钮，选择"页面底端"选项，并在其级联列表中，选择满意的页码样式。

步骤02 插入页码。选择好后，系统将自动在文档底端插入该页码样式。

步骤03 选中页码。若想对插入的页码进行设置，可单击该页码，将其选中。

步骤04 调整页码大小。将光标移至页码边框的控制点上,当光标转换成双向箭头后,按住鼠标左键,将其拖动至满意大小,即可调整页码的大小。

步骤05 调整页码位置。选中页码,并将光标移至页码边框上,当光标转换成十字箭头时,按住鼠标左键,拖动页码至满意位置,放开鼠标即可移动页码。

步骤06 完成设置。在"页眉和页脚工具–设计"选项卡的"关闭"选项组中,单击"关闭页眉和页脚"按钮,即可完成页码设置。

步骤07 设置"首页不同"的页码。双击封面页码,在"页眉和页脚工具-设计"选项卡的"选项"选项组中,勾选"首页不同"复选框。

步骤08 启动"页码格式"对话框。在"页眉和页脚工具–设计"选项卡的"页眉和页脚"选项组中,单击"页码"下拉按钮,选择"设置页码格式"选项,打开"页码格式"对话框。

步骤09 删除封面页码。单击"起始页码"单选按钮,并输入页码数为0,单击"确定"按钮,完成封面页码删除操作。

> **操作提示**
>
> 🔒 **删除首页码需注意**
> 在勾选"首页不同"复选框后,一定要调整"起始页码"数值。否则,首页码是删除了,但是下一页的页码仍以2开始排序,而非从1开始。

1.3.3 查阅合同内容

合同内容大致整理完成后,都需对其进行一次预览查阅,以保证合同内容正确严谨。

1 校对合同内容

在输入文档内容时,难免会遇到某些词组语法使用不当,或某单词拼写错误。此时系统会对其以波浪线形式标识出来,以提示用户修改。

步骤01 启动"拼写和语法"功能。将光标放置在文档起始位置,单击"审阅"选项卡,在"校对"选项组中,单击"拼写和语法"按钮。

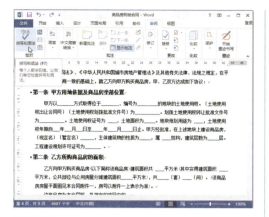

步骤 02 校对错误。系统会自动搜索文档中出现的错误，在"拼写和语法"对话框中显示该错误，并给出正确答案，用户只需单击"更改"按钮，系统将自动纠正。

步骤 03 完成校对。按照上述操作，对合同内容进行纠正，当出现系统提示信息后，单击"确定"按钮即可完成校对操作。

步骤 04 启用"字数统计"功能。在"校对"选项组中，单击"字数统计"按钮，可打开相应的对话框。

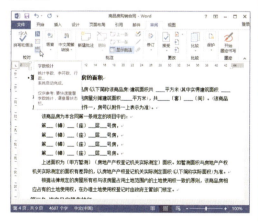

步骤 05 查看内容统计信息。在"字数统计"对话框中，用户可查看到当前文档的一些信息，例如字数、段落、页数等。

> **操作提示**
>
> **如何对待错误的校对**
> 由于系统中词库是有限的，所以经常会将正确的词组或语法进行纠错，此时用户只需单击"忽略一次"按钮，或者单击"词典"按钮，将其添加至系统词库中，以防下次纠错。

2 添加合同目录

通常在长文档中，都需对文档添加目录，以便用户翻阅。目录添加操作如下：

步骤 01 设置一级标题。选中"一、合同双方基本信息"文本，单击"开始"选项卡，在"样式"选项组中，单击"其他"下拉按钮，选择"标题1"选项，此时该标题设为一级标题格式。

步骤 02 复制格式。启动"格式刷"命令，将一级标题格式复制到正文标题上。

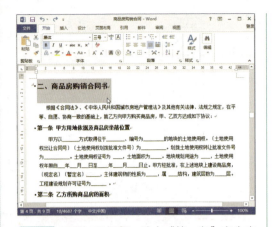

> **操作提示**
>
> **取消目录的超链接**
>
> 在默认情况下，文档中插入的目录启动了超链接功能，若想取消超链接，可单击"目录"按钮，在下拉列表中，选择"插入目录"选项，在打开的对话框中，取消勾选"使用超链接而不使用页码"复选框，单击"确定"按钮即可取消。

步骤 03 设置二级标题。选中"第一条"文本内容，在"样式"列表中，选择"标题2"选项，即可完成二级标题的设置，此后，适当调整该文本的格式。

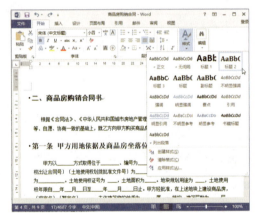

步骤 04 复制格式。启动"格式刷"命令，将设置好的二级标题格式，复制到其他节标题内容上。

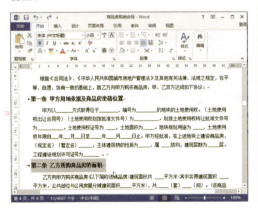

步骤 05 启动"导航窗格"功能。标题级别设置完成后，单击"视图"选项卡，在"显示"选项组中，勾选"导航窗格"复选框。

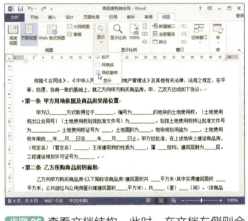

步骤 06 查看文档结构。此时，在文档左侧则会打开"导航"窗格，用户则可查看到刚设置的标题级别，单击任意标题，光标将自动定位至相对应的文档内容。

步骤 07 启动"目录"对话框。将光标定位至合同内容起始位置，单击"引用"选项卡，在"目录"选项组中，单击"目录"下拉按钮，选择"自定义目录"选项。

步骤 08 设置目录格式。在"目录"对话框中，可根据需要设置目录格式，这里为默认选项。

步骤 09 插入目录。设置完成后，单击"确定"按钮，即可在文档光标处，插入目录。

步骤 10 设置页面排版。目录插入后，需要对该页面进行设置调整，例如输入"目录"标题、设置"段前""段后"以及使用"分页"功能等。

步骤 11 链接访问。按住Ctrl键，当光标变成手指形状时，单击目录中的某一链接项，此时可直接跳转至该相关页面。

高手妙招

快速更新目录

目录创建好后，如对正文内容进行了修改，使得目录页码或目录标题对不上号，此时只需单击"引用"选项卡，在"目录"选项组中，单击"更新目录"命令，在打开的"更新目录"对话框中，选择相应的选项，单击"确定"按钮，即可更新当前目录。

3 设置视图方式

在 Word 中，阅读文档方式有 5 种，分别为"页面视图""阅读视图""Web 版式视图""大纲视图"以及"草稿"。下面将以"阅读视图"方式阅读文档。

步骤 01 启动"阅读视图"功能。单击"视图"选项卡，在"视图"选项组中，单击"阅读视图"按钮。

步骤 02 全屏浏览文档内容。在打开的视图界面中，该文档将以全屏方式来显示，滚动鼠标中键，则可对当前文档进行翻页浏览。

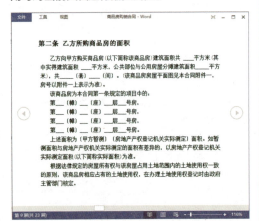

步骤 03 设置视图显示方式。单击屏幕右上角"视图选项"下拉按钮，在打开的下拉列表中，用户可对当前视图样式进行选择。

步骤 04 关闭视图方式。若想关闭该视图方式，只需单击屏幕右下角"页面视图"按钮，即可返回至页面视图界面。

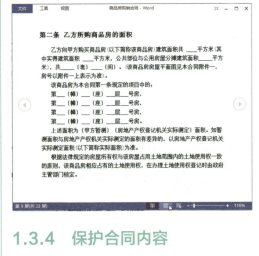

1.3.4 保护合同内容

通常一些重要的合同拟定好后，都需要对这些文档进行保护操作，以避免他人恶意更改合同内容。

1 为合同文档加密

如果不想让其他人查看合同内容，可对文档内容进行加密操作，其方法如下：

步骤 01 启动加密功能。单击"文件"标签，选择"信息"选项，在右侧的"信息"选项区域中，单击"保护文档"下拉按钮，选择"用密码进行加密"选项。

步骤02 输入密码。在打开的"加密文档"对话框中，输入密码。

步骤03 确认密码。在"确认密码"对话框中，再次输入密码，单击"确定"按钮。

步骤04 完成加密操作。设定后，在"信息"选项区域中，则显示"必须提供密码才能打开此文档"信息，若下次打开该文档，需输入密码才可打开。

2 限制编辑

若不想让他人对文档进行改动，可对该文档进行权限设置，其方法如下：

步骤01 打开"限制编辑"导航窗格。单击"审阅"选项卡，在"保护"选项组中，单击"限制编辑"按钮，打开"限制编辑"窗格。

步骤02 设置权限。勾选"仅允许在文档中进行此类型的编辑"复选框，并单击"是，启动强制保护"按钮。

步骤03 输入密码。在"启动强制保护"对话框中，用户可根据提示信息，输入密码，然后在"确认新密码"对话框中再次输入密码后，单击"确定"按钮即可完成权限设置操作。

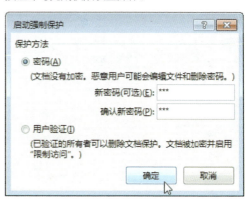

1.4 制作公司考勤制度

为了维护公司的正常工作秩序，提高员工的办事效率，每个公司都有自己的一套规章制度。作为一名行政人员来说，制作这些规章制度是必不可少的工作。下面将以制作公司考勤制度为例，来介绍Word文档美化的操作。

1.4.1 输入文档内容

启动Word软件，并将当前文档页面进行设置后，即可输入制度内容。

步骤 01 设置页面尺寸。启动Word，新建空白文档。切换至"页面布局"选项卡，单击"页面设置"选项组的对话框启动器按钮，打开"页面设置"对话框，将其页边距都设为2。

步骤 02 输入标题内容。在光标处，输入文档标题内容。

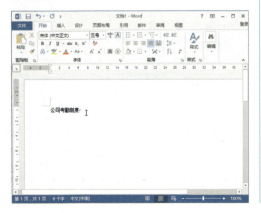

步骤 03 启用"编号"功能。单击"开始"选项卡，在"段落"选项组中，单击"编号"下拉按钮，在"编号库"中，选择"定义新编号格式"选项。

> **操作提示**
>
> **添加编号的方法**
> 想要在文档中添加相应的编号，只需在编号库中，选择满意的编号样式，即可添加。如果编号库中没有满意的样式，则可选择"定义新编号格式"选项，来自定义编号样式。

步骤 04 选择编号样式。在"定义新编号格式"对话框中的"编号样式"列表中，选择满意的编号样式。

步骤 05 设置编号字体格式。单击"字体"按钮，在"字体"对话框中，将字体设为"黑体"，将"字号"设为"小三"，单击"确定"按钮。

高手妙招

如何删除编号
　　选中要删除的编号内容，单击"编号"按钮，在编号库中，选择"无"选项即可删除。当然也可直接按键盘上的Backspace键进行删除。

步骤 06 设置编号格式。在"定义新编号格式"对话框的"编号格式"文本框中，设置好该编号的格式。

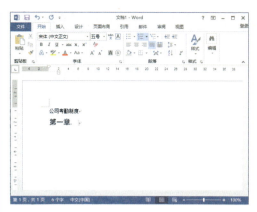

步骤 08 输入文档内容。编号添加完成后，用户则可在该编号后输入所需内容。

步骤 09 自动添加编号。内容输入完成后，按Enter键，此时系统将按照顺序自动添加相应的编号。

步骤 07 添加新编号。设置后，在"预览"框中，则可查看预览效果，单击"确定"按钮，系统将自动在光标处，添加了新编号。

步骤 10 完成制度内容的输入。按照以上同样的方法，将制度内容输入完整。

步骤 11 设置二级编号。选中第二章~第七章所有内容，在"段落"选项组中，单击"编号"下拉按钮，选择"更改列表级别"选项，并在级联菜单中选择"2级"编号样式。

步骤 12 查看结果。选择完成后，被选中的内容则会以2级编号样式显示。

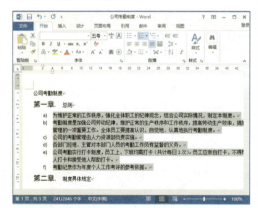

步骤 13 启动"定义新编号格式"对话框。选中2级编号内容，单击"编号"下拉列表，选择"定义新编号格式"选项，打开相应对话框。

步骤 14 设置编号样式。在"编号样式"列表中，选择满意的样式。

步骤 15 设置编号字体格式。单击"字体"按钮，在"字体"对话框中，将"字号"设为"小四"，"字形"为"加粗"。

步骤 16 设置字符间距。在"字体"对话框中，单击"高级"选项卡，将"间距"设为"加宽"，将"磅值"设为"1磅"。

步骤17 定义编号格式。在"定义新编号格式"对话框的"编号格式"文本框中,输入格式。

步骤18 查看结果。设置完成后,单击"确定"按钮,此时被选中的2级编号内容已发生了相应的变化。

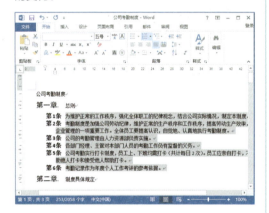

步骤19 调整段落缩进值。对2级编号内容的缩进值进行调整。

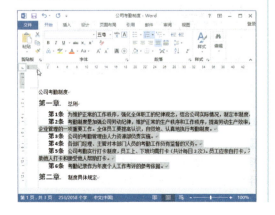

步骤20 复制2级编号格式。启动"格式刷"功能,将刚设置好的2级编号格式复制到第三章~第四十一章内容中。

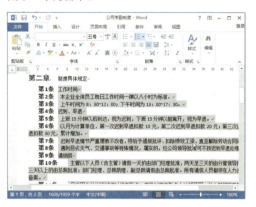

步骤21 更改编号级别。选中第二章\第2条~第3条文本内容,在编号库中,选择"更改列表级别"选项,在级联菜单中,选择"3级"编号样式。

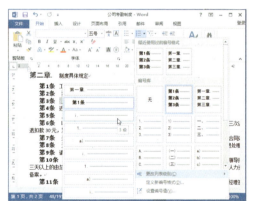

步骤22 查看效果。选择完成后,则可查看最后效果。

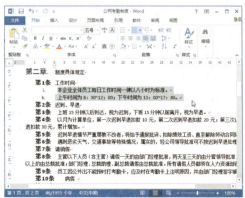

步骤23 设置3级编号格式。按照以上操作方法，设置3级编号格式。

步骤24 完成剩余3级编号的设置。启动"格式刷"功能，将其复制到剩余3级编号内容中。

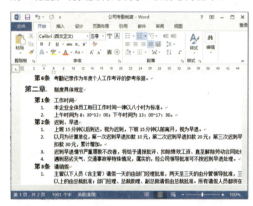

步骤25 应用"设置编号值"功能。选中第二章\第1条编号内容，单击"编号"下拉按钮，选择"设置编号值"选项。

步骤26 输入编号值。单击"继续上一列表"单选按钮，勾选"前进量"复选框，将"值设置为"设为二和7，单击"确定"按钮。

步骤27 完成更改。设置完成后，所有"第二章"的2级编号值都已发生相应的变化。

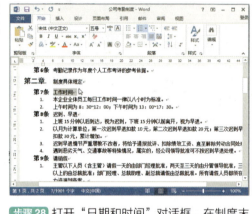

步骤28 打开"日期和时间"对话框。在制度末尾处，输入落款文本，其后单击"插入"选项卡，在"文本"选项组中，单击"日期和时间"按钮。

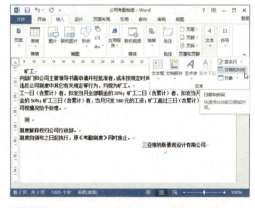

步骤29 选择时间格式。在"日期和时间"对话框中，将"语言"设为"中文（中国）"，在"可用格式"列表中，选择满意的格式。

步骤 30 完成日期插入操作。单击"确定"按钮,此时在光标处即可自动插入日期文本。

1.4.2 设置文档格式

在Word 2013中,用户可使用"样式"功能,来对文档格式进行统一设置。下面来介绍其具体操作方法。

步骤 01 启动"样式"窗格。选择标题文本,单击"开始"选项卡的"样式"选项组对话框启动按钮,打开"样式"窗格。

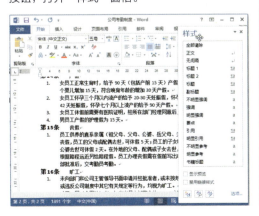

步骤 02 创建新样式。单击窗格左下角"新建样式"按钮,打开"根据格式设置创建新样式"对话框。

步骤 03 设置标题格式。将"名称"重命名为"制度标题",将"格式"设为"黑体"、"二号"、"居中"。

步骤 04 设置标题字符间距。单击对话框左下角"格式"下拉按钮,选择"字体"选项,打开"字体"对话框,单击"高级"选项卡,将"间距"设为"加宽",间距值设为"4磅"。

步骤 05 查看效果。单击"确定"按钮，返回上一层对话框，单击"确定"按钮，即可查看效果。

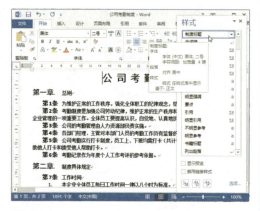

步骤 06 新建章标题格式。将光标定位至章标题文本后，在"样式"窗格中，单击"新建样式"按钮，打开设置对话框。

步骤 07 设置字体格式。将"名称"设为"章标题"，将"字体"设为"黑体"，将"字号"设为"小三"。

步骤 08 设置段落格式。单击"格式"下拉按钮，选择"段落"选项，打开"段落"对话框，将"段前""段后"值设为"0.5"。

高手妙招

将新样式应用至其他文档中

单击"样式"窗格右下角"管理样式"按钮，在"管理样式"对话框中，单击"导入/导出"按钮，在"管理器"对话框中，选择要应用的样式名称，单击"复制"按钮，关闭该对话框完成操作。

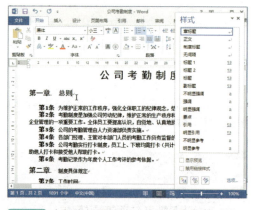

步骤 09 查看效果。设置完成后，单击"确定"按钮，即可查看设置结果。

步骤 10 应用章标题格式。将光标定位置"第二章"标题文本后，单击"样式"窗格中的"章标题"选项，即可将其应用至被选文本上。

步骤 11 新建节标题格式。按照以上方法，新建节标题格式。

步骤 12 应用节标题格式。选中"第7条"文本内容,在"样式"窗格中,单击"节标题"选项即可应用该样式,按照同样的方法,应用至其他节标题文本上。

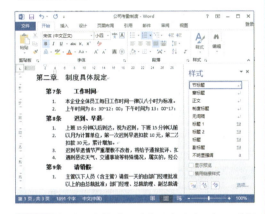

步骤 13 新建正文格式。选中正文内容,打开"根据格式设置创建新样式"对话框,并对其格式进行设置。

步骤 14 应用正文格式。选中正文内容,在"样式"窗格中,单击"正文内容"选项应用样式。

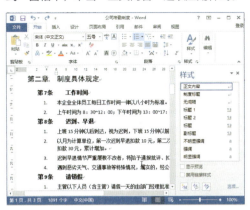

步骤 15 选择"修改"选项。在"样式"窗格中,单击"正文内容"下拉按钮,选择"修改"选项。

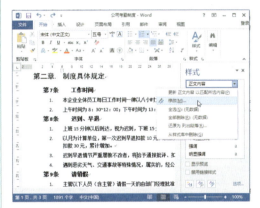

步骤 16 修改格式。在"修改样式"对话框中,用户可对当前样式进行修改设置,单击"确定"按钮,完成修改。此时正文格式也会同步更新。

步骤 17 设置文档其他格式。利用"样式"窗格，将该文档其他内容及落款格式进行设置并应用。

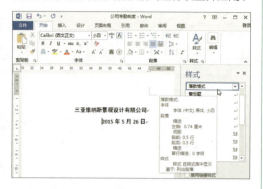

步骤 03 完成添加操作。输入完成后，单击"关闭"选项组中的"关闭页眉和页脚"按钮，完成页眉添加操作。

步骤 04 选择页脚样式。在"页眉和页脚"选项组中，单击"页脚"下拉按钮，选择满意的页脚样式。

1.4.3 美化文档

为了丰富文档内容，用户可对该文档进行一些美化操作。

1 添加页眉页脚

为了使文档页面统一化，可对文档添加页眉页脚，其方法如下：

步骤 01 启用"页眉"功能。单击"插入"选项卡，在"页眉和页脚"选项组中，单击"页眉"下拉按钮，选择满意的页眉样式。

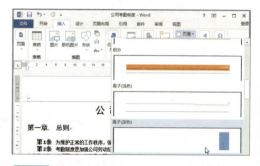

步骤 02 输入页眉文本。在添加的页眉文本框中，输入页眉内容。

步骤 05 输入页脚内容。在页脚文本框中，输入内容。单击"关闭"选项组中的"关闭页眉和页脚"按钮，完成页脚的添加。

2 添加文档背景色及分割线

为文档添加漂亮的背景色，可美化文档，增加文档阅读性，其方法如下：

步骤 01 启用"页面颜色"功能。单击"设计"选项卡，在"页面背景"选项组中，单击"页面颜色"下拉按钮，选择"填充效果"选项。

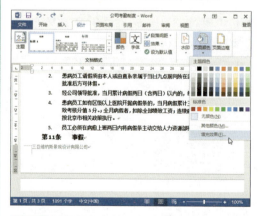

步骤 02 选择颜色参数。在"填充效果"对话框中，设置渐变颜色参数。

步骤03 完成颜色添加操作。设置后，单击"确定"按钮，完成背景色添加操作。

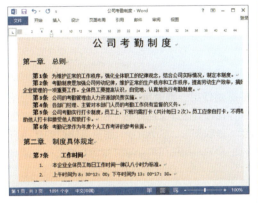

步骤04 添加"横线"。将光标放置在"第一章 总则"文本后，单击"开始"选项卡，在"段落"选项组中，单击"边框" 下拉按钮，选择"横线"选项。

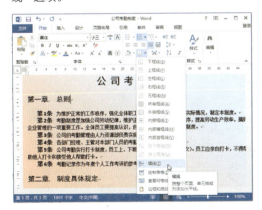

步骤05 完成添加。选择完成后，则在被选中的文本下已添加分割线。

步骤06 设置分割线颜色。选中添加的分割线，单击鼠标右键，选择"设置横线格式"命令，打开相应的对话框，单击颜色下拉按钮，选择满意的颜色，单击"确定"按钮完成设置。

3 预览页面背景效果

默认情况下，在进行打印预览时，页面背景是不显示的，想将其显示，需在"Word选项"对话框中设置即可，其方法如下：

步骤01 打开"Word 选项"对话框。单击"文件"标签，选择"选项"选项，打开"Word 选项"对话框。

步骤02 勾选相关选项。单击左侧"显示"选项，在右侧相关界面中，勾选"打印选项"区域中的"打印背景色和图像"复选框。

步骤03 完成显示操作。设置后，单击"确定"按钮，关闭该对话框，其后单击"文件"标签，选择"打印"选项，即可预览带背景的文档。

Chapter 2

使用Word制作图文混排的文档

Word除了能够制作出一些简单的文档外，还可以利用图片、形状等功能制作出漂亮的图文混排的文档。本章将以实例形式介绍Word图片、形状图形、SmartArt图形等功能的使用方法。通过本章内容的学习，相信用户能够轻松地制作出一份漂亮的文档来。

本章所涉及的知识要点：

◆ SmartArt图形的创建与编辑　　◆ 图片的插入与编辑
◆ 形状图形的插入与编辑

本章内容预览：

制作流程图

制作公司宣传页

制作公司简报

2.1 制作工作流程图

流程图是由一些图框和箭头线组成的，其中图框表示各种操作的类型，图框中的文字和符号表示操作的内容，箭头线表示操作的先后次序。流程图的制作在日常工作中经常会遇到，下面将以制作物流系统流程图为例，来介绍流程图的绘制操作。

2.1.1 使用SmartArt制作流程图

Word 2013内置了多种流程图样式，用户只需在SmartArt列表中，选择满意的流程图样式即可，下面将介绍其具体操作方法。

1 插入SmartArt流程图

Word 2013 中的 SmartArt 图形大致分为"列表""流程""循环""层次结构""关系""矩阵""棱锥图"以及"图片"几种类型。用户只需根据需要，选择相应的图形类别即可插入。

步骤 01 定位流程图插入点。打开"员工收派件工作培训资料"素材文件，将光标定位至"五、提货发运"文本末尾处，按Enter键另起一行。

步骤 02 启用SmartArt功能。单击"插入"选项卡，在"插图"选项组中，单击SmartArt按钮，打开"选择SmartArt图形"对话框。

> **操作提示**
> **创建画布**
> 想要将多张图形作为一个整体统一设置，可创建一张画布。单击"插入"选项卡的"形状"按钮，在其列表中，选择"新建绘图画布"按钮，即可插入空白画布。

步骤 03 选择流程图样式。选择左侧列表中"流程图"选项，其后在右侧流程图列表中，选择满意的样式。

步骤 04 输入流程图内容。单击"确定"按钮，在文档中插入该流程图。单击流程图中的"文本"字样，输入流程内容。

步骤 05 调整流程图大小。选中该流程图，将光标移至边框控制角点上，当光标呈双向箭头显示时，按住鼠标左键，拖动该角点至满意位置，放开鼠标即可调整图形大小。

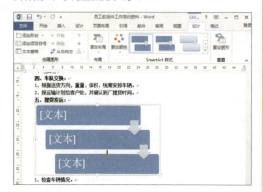

步骤 06 输入流程图内容。调整好后，单击流程图中的"文本"字样，输入内容。

步骤 07 添加形状。选中流程图最后一步方框图形，单击"SmartArt 工具－设计"选项卡，在"创建图形"选项组中，单击"添加形状"下拉按钮，选择"在后面添加形状"选项。

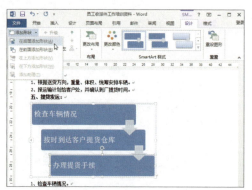

步骤 08 启用"文本窗格"功能。选中添加的形状，在"创建图形"选项组中，单击"文本窗格"按钮。

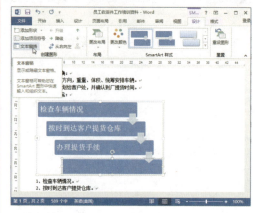

步骤 09 添加文本。在"在此处键入文本"窗格中，输入要添加的文本内容。

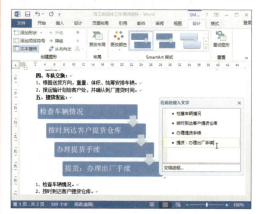

步骤 10 输入剩余内容。此时在添加的形状图形中，会显示刚输入的文本内容，按照同样的操作方法，完成流程图剩余内容的输入。

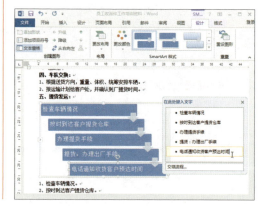

2 设置SmartArt图形格式

SmartArt图形创建好后，可对该图形的格式进行编辑设置，其方法如下：

步骤01 更改布局。选中SmartArt图形，在"SmartArt工具-设计"选项卡的"布局"选项组中，单击"其他"下拉按钮，选择新布局样式。

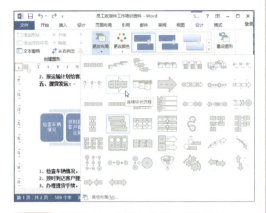

步骤02 查看效果。选择完成后，可查看效果。

步骤03 更改颜色。选中流程图，在"SmartArt工具-设计"选项卡的"SmartArt样式"选项组中，单击"更改颜色"下拉按钮，选择满意的颜色。

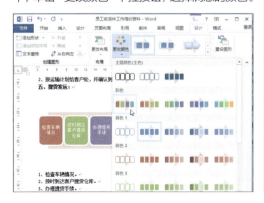

步骤04 查看设置效果。选择好后可查看更改颜色后的效果。

步骤05 更改样式。选中流程图，在"SmartArt样式"选项组中，单击"其他"下拉按钮，在样式列表中，选择新样式。

步骤06 查看设置效果。选择完成后则可查看更改样式后的效果。

3 设置流程图的排列方式

SmartArt流程图的排列方式分嵌入式和文本环绕式两种，默认情况下是以嵌入式进行排列的。

步骤01 选择排列类型。选中SmartArt流程图，在"SmartArt工具-格式"选项卡的"排列"选项组中，单击"自动换行"下拉按钮，选择"四周型环绕"选项。

步骤02 查看排列效果。选择完成后，被选的流程图排列方式已发生了相应的变化。

2.1.2 使用形状工具制作流程图

除了使用系统内置SmartArt图形来制作流程图外，还可以使用形状工具来绘制流程图，下面介绍其具体操作。

1 绘制流程图

在Word 2013中，利用基本的形状图形可轻松绘制出各种各样的流程图。

步骤01 定位流程图位置。将光标定位置"七、到达签收"文本末尾处，按Enter键另起一行。

> **高手妙招**
> **更换形状图形**
> 选中所需形状，在"格式"选项卡的"插入形状"选项组中，单击"编辑形状"按钮，选择"更改形状"选项，并在其列表中选择新形状即可。

步骤02 选择形状图形。单击"插入"选项卡，在"插图"选项组中，单击"形状"下拉按钮，在形状列表中，选择满意的形状图形。

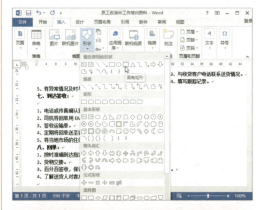

> **高手妙招**
> **调整图形叠放次序**
> 选择图形，执行"绘图工具－格式＞上移一层／下移一层"命令，然后从展开的列表中选择合适的命令即可调整图形叠放次序。

步骤03 绘制形状。当光标呈实心十字形状时，按住鼠标左键，拖动光标至满意位置，放开鼠标完成矩形形状的绘制。

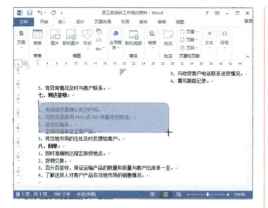

步骤 04 调整矩形大小。将光标放至矩形边框控制角点上，按住鼠标左键，拖动光标至满意位置，则可调整其大小。

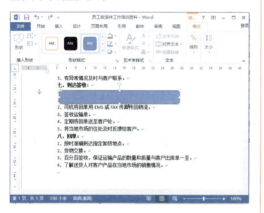

步骤 05 添加文本。选中矩形，单击鼠标右键，选择"添加文字"命令，此时在矩形框中即可添加文本内容。

步骤 06 选择箭头样式。在"形状"下拉列表中，选择满意的箭头样式。

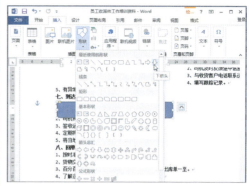

步骤 07 绘制箭头。按住鼠标左键，拖动光标至满意位置，放开鼠标，完成箭头的绘制。

步骤 08 旋转箭头。将光标移至箭头顶部绿色角点上，当光标呈旋转形状时，按住鼠标左键，将其拖至合适位置，放开鼠标即可旋转箭头。

步骤 09 复制矩形。选中矩形图形，按住Ctrl键，同时按住鼠标左键，将其拖至满意位置，放开鼠标，完成矩形的复制。

步骤 10 多选图形。按Shift键的同时，选中箭头和第二个矩形。

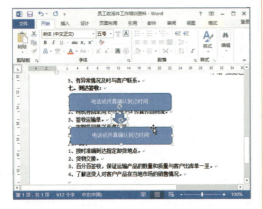

步骤 11 组合图形。在"绘图工具-格式"选项卡的"排列"选项组中，单击"组合"下拉按钮，选择"组合"选项。

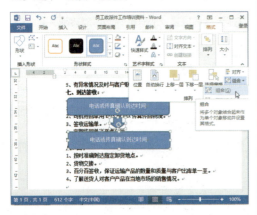

步骤 12 完成组合。选择完成后，被选中的所有图形已完成组合操作。

步骤 13 复制组合图形。选中组合后的图形，按Ctrl键的同时，按住鼠标左键移动，进行复制操作。

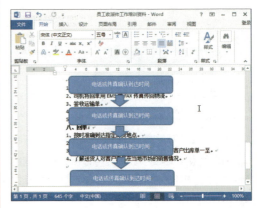

步骤 14 修改文本。按照流程图内容，选中矩形图形中的文本，对其进行修改。

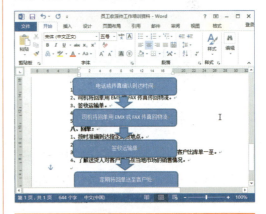

高手妙招

对齐多个形状图形

全选所需形状图形，在"格式"选项卡的"排列"选项组中，单击"对齐"按钮，并在级联菜单中选择对齐选项即可。

2 设置形状格式

形状图形绘制完成后，用户可对图形格式进行自定义操作，其方法如下：

步骤 01 选择形状样式。选中矩形图形，单击"绘图工具-格式"选项卡，在"形状样式"选项组中，单击"其他"下拉按钮，选择满意的形状样式。

步骤02 查看效果。选择完成后，被选中的形状样式已发生了变化。

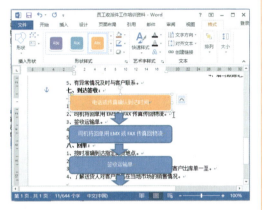

步骤03 设置箭头样式。选中箭头形状，在形状样式列表中，选择满意的样式，完成设置。

步骤04 设置剩余形状样式。按照同样的操作方法，对剩余形状样式进行设置。

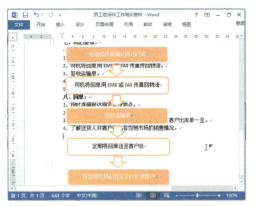

步骤05 添加阴影效果。选中矩形形状，在"形状样式"选项组中，单击"形状效果"下拉按钮，选择"阴影"选项，并级联菜单中选择满意的阴影样式。

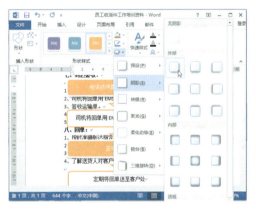

步骤06 查看效果。选择完成后即可查看设置效果。

步骤07 组合图形。按Shift键同时，选中所有形状图形，单击"组合"按钮，将其组合。

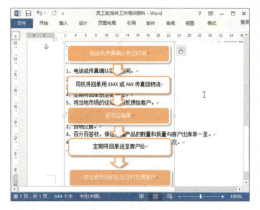

> **步骤 08** 打开"字体"对话框。选中矩形图形中的文本，单击鼠标右键，选择"字体"命令，打开"字体"对话框。

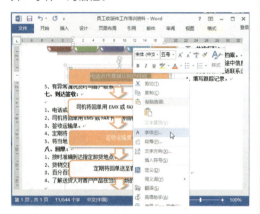

> **步骤 09** 设置字体样式。在"字体"对话框中，对当前字体格式进行设置。

> **步骤 10** 查看效果。设置完成后，被选中的文本格式已发生变化。

> **步骤 11** 复制字体格式。启动"格式刷"功能，将设置好的字体格式复制到其他文本上。

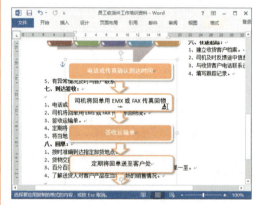

> **步骤 12** 调整流程图大小。选中绘制好的流程图，按Ctrl键不放，当光标呈双向箭头时，按住鼠标左键，拖动光标至合适位置，放开鼠标即可等比缩放流程图。

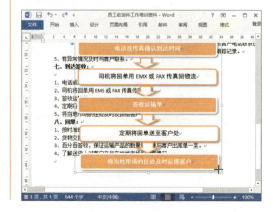

步骤13 设置环绕方式。选中流程图，在"绘图工具-格式"选项卡的"排列"选项组中，单击"自动换行"下拉按钮，选择"四周型环绕"选项。

步骤14 移动流程图。选中流程图，当光标呈十字形状后，按住鼠标左键，将其拖动至文档合适位置，放开鼠标即可完成。

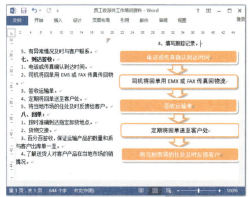

2.2 制作旅游宣传单

制作公司宣传单，主要是为了最大限度的促进销售，提高销售业绩，增强公司形象，提高公司知名度。通常宣传单都是运用一些专业的软件进行制作的，其实灵活地运用Word 2013中相关功能，也能够制作出漂亮的宣传页。下面将以制作旅行社宣传单为例，来介绍其具体制作方法。

2.2.1 制作宣传单页头内容

宣传单页头应简单明了，并能够明确地体现出本次宣传主题。而页头制作的好坏，则会直接影响到宣传效果。

1 设置宣传单页面尺寸

在制作宣传单前，需对当前文档页面尺寸进行设置。

步骤01 设置纸张大小。切换至"页面布局"选项卡，单击"页面设置"选项组的对话框启动器按钮，打开"页面设置"对话框，单击"纸张"选项卡，将纸张大小设为"16开"。

步骤 02 设置页边距。单击"页边距"选项卡，将"上""下""左""右"边距值设为1.5，单击"确定"按钮。

2 添加页头背景

宣传单页头背景图片的添加方法如下：

步骤 01 选择"矩形"形状。单击"插入"选项卡，在"插图"选项组中，单击"形状"下拉按钮，选择"矩形"形状。

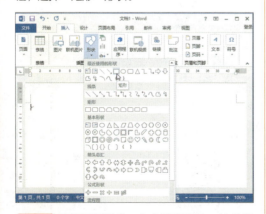

步骤 02 绘制矩形形状。在文档光标处，按住鼠标左键，拖动光标至满意位置，放开鼠标，完成矩形的绘制。

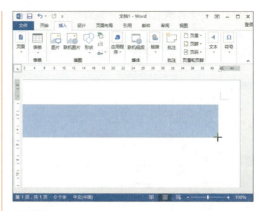

步骤 03 应用"图片填充"功能。选中矩形，在"绘图工具-格式"选项卡的"形状样式"选项组中，单击"形状填充"下拉按钮，选择"图片"选项。

步骤 04 打开"插入图片"界面。在"插入图片"界面中，单击"来自文件"链接按钮。

步骤 05 插入图片。在"插入图片"对话框中，选择所需图片，单击"插入"按钮，此时在矩形形状中显示该图片。

步骤 06 打开"设置图片格式"对话框。选中该图片，单击鼠标右键，选择"设置形状格式"命令。

操作提示

调整图片效果

插入的图片效果不理想，可对其图片效果进行调整。选中插入的图片，单击"图片工具–格式"选项卡，在"调整"选项组中，根据需要单击"更正""颜色""艺术效果"下拉按钮，在打开的相应的列表中，选择满意的效果即可。

步骤 07 设置图片透明度。在右侧打开的"设置图片格式"窗格中，单击"填充线条"按钮，选择"填充"选项，在"透明度"文本框中输入透明度值，这里设为34。

步骤 08 设置矩形轮廓。选中矩形形状，在"绘图工具–格式"选项卡的"形状样式"选项组中，单击"形状轮廓"下拉按钮，选择"无轮廓"选项。

步骤 09 设置矩形柔化边缘值。在"形状样式"选项组中，单击"形状效果"按钮，选择"柔化边缘"选项，选择满意的数值。

步骤 10 选择艺术字样式。单击"插入"选项卡，在"文本"选项组中，单击"艺术字"下拉按钮，选择满意的艺术字样式。

步骤 11 输入标题内容。在艺术字文本框中，输入该宣传单的标题内容。

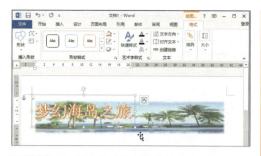

步骤12 设置艺术字字体。选中艺术字,单击"开始"选项卡,在"字体"选项组中,将该艺术字设为"黑体"。

步骤16 设置发光字体。选中艺术字,在"艺术字样式"选项组中,单击"文字效果"下拉按钮,选择"发光"选项,选择满意的效果。

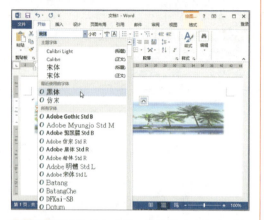

步骤13 设置艺术字字号。选中艺术字,在"字体"选项组中,将"字号"设为"小初"。

步骤14 设置文本填充颜色。选中艺术字,单击"绘图工具－格式"选项卡,在"艺术字样式"选项组中,单击"文本填充"选项,并在其列表中,选择满意的填充颜色。

步骤17 设置字体的映像效果。选中艺术字,在"艺术字样式"选项组中,单击"文字效果"下拉按钮,选择"映像"选项,并在级联菜单中选择映像效果。

步骤15 设置文本轮廓颜色。选中艺术字,在"艺术字样式"选项组中,单击"文本轮廓"下拉按钮,在列表中选择满意的轮廓颜色,这里为默认选项。

步骤18 移动艺术字。设置完成后,选中艺术字文本框,当光标呈十字形状后,按住鼠标左键,拖动光标至满意位置,放开鼠标即可完成移动。

步骤19 查看效果。设置完成后可查看其效果。

步骤20 输入副标题。单击"艺术字"下拉按钮，选择满意的艺术字样式，输入副标题文本，并设置好文本字号、字体。

步骤21 设置嵌入排列。选中页头背景图片，单击"绘图工具-格式"选项卡，在"排列"选项组中，单击"自动换行"下拉按钮，选择"嵌入型"选项。

步骤22 定位光标。设置完成后，按Enter键，另起一行。

3 绘制箭头图形

应用合适的形状，可将页头内容与正文内容在区域上进行相应的区分，从而丰富了页面内容。

步骤01 选择直线形状。单击"插入"选项卡，在"插图"选项组中，单击"形状"下拉按钮，选择"直线"选项。

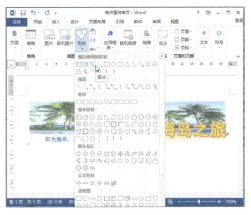

步骤02 绘制直线。按住Shift键的同时，按住鼠标左键绘制直线形状。

高手妙招

更改形状线条样式
选中需更改的形状，单击"形状轮廓"下拉按钮，选择"虚线"选项，在其级联菜单中，选择满意的样式即可更改。

步骤 03 选择箭头样式。选中直线，单击"形状轮廓"下拉按钮，选择"箭头"选项，并在其级联菜单中选择箭头样式。

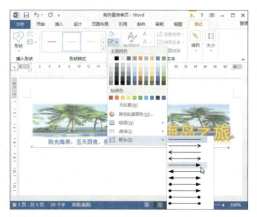

步骤 04 添加箭头效果。选择完成后，在直线右端已添加箭头效果。

步骤 05 设置箭头粗细。选中箭头图形，在"形状轮廓"下拉列表中，选择"粗细"选项，并在其级联菜单中选择"4.5磅"选项。

步骤 06 设置箭头颜色。选择箭头形状，单击鼠标右键，在"设置形状格式"窗格中，根据需要设置箭头形状的颜色。

步骤 07 完成设置。单击"关闭"按钮，关闭窗格界面。此时被选中的箭头形状的颜色已发生了变化。

步骤 08 调整分割线位置。选中箭头形状，按键盘上的"↑""↓"键，即可对分割线位置进行微调。

2.2.2 编排正文内容

通常一张漂亮的宣传单，都是由文本内容和图片内容组合而成。

1 输入正文内容

在光标处，输入正文内容。

2 设置正文格式

正文内容输入完成后，则可对文本、段落格式进行设置了。

步骤01 设置文本字体。选中所需文本，单击鼠标右键，选择"字体"命令，在"字体"对话框中，对当前文本字体格式进行设置。

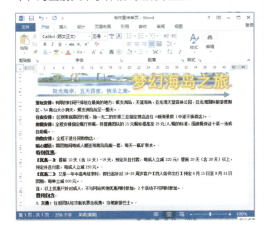

步骤02 定义新项目符号。选择段落文本，单击"项目符号"下拉按钮，选择"定义新项目符号"选项。

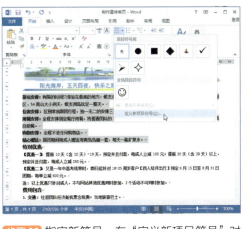

步骤03 指定新符号。在"定义新项目符号"对话框中，单击"符号"按钮，打开"符号"对话框，选择所需的新符号。

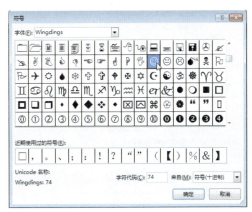

步骤04 预览新符号。选择完成后，单击"确定"按钮，返回上一层对话框。在此用户可预览符号效果。

步骤 05 完成符号插入。单击"确定"按钮返回文档中，完成自定义项目符号的操作。

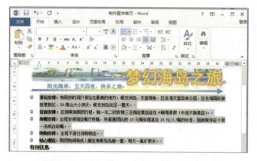

步骤 06 设置段前段后值。选中所需段落，在"段落"对话框中，将"段前""段后"值进行设置。

步骤 07 查看效果。设置完成后，即可查看正文设置效果。

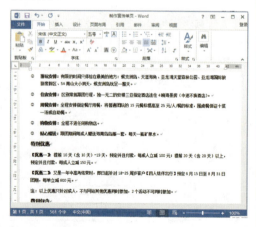

3 插入图片

想要在文档中插入相应的图片，可使用"图片"功能进行插入，其方法如下：

步骤 01 启用"图片"功能。将光标定位至图片插入点，单击"插入"选项卡，在"插图"选项组中，单击"图片"按钮。

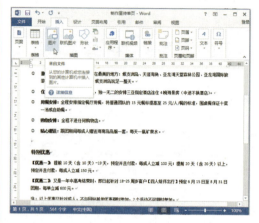

步骤 02 选择图片。在打开的"插入图片"对话框中，选择所需的图片。

步骤 03 插入图片。单击"插入"按钮，此时在文档光标位置即可插入选择的图片。

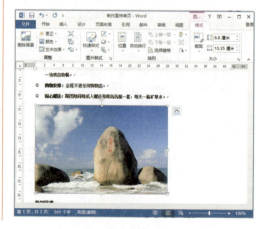

步骤 04 调整图片大小。选中图片，将光标移至图片任意角点上，按住鼠标左键，拖动光标至满意位置，放开鼠标即可调整图片的大小。

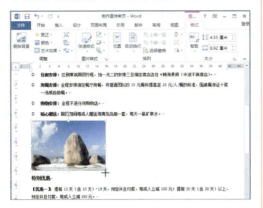

步骤 05 选择图片裁剪样式。选中图片，单击"图片工具－格式"选项卡，在"大小"选项组中，单击"裁剪"下拉按钮，选择"裁剪为形状"选项，在其级联菜单中，选择所需形状。

步骤 06 裁剪图片。选择完成后，被选中的图片已被裁剪出该形状样式了。

步骤 07 调整图片裁剪形状。选中图片，在"裁剪"下拉列表中，选择"调整"选项。

步骤 08 调整裁剪位置。将光标移至图片任意剪裁角点上，按住鼠标左键，拖动光标至满意位置，即可调整裁剪的位置。

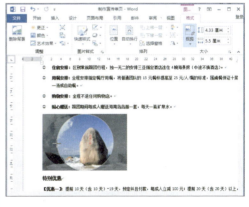

步骤 09 查看裁剪效果。调整完毕后，单击文档任意位置，即可完成裁剪位置的调整。

4 设置图片格式

图片插入完毕后，可对插入的图片格式进行调整，其操作如下：

步骤01 选择图片边框样式。选中图片，单击"图片工具-格式"选项卡，在"图片样式"选项组中，单击"图片边框"下拉按钮，选择"粗细"选项，然后选择满意的边框样式。

操作提示

选中衬于文本下图片的操作

当图片衬于文档文字内容下时，想要选中该图片，就需要在"开始"选项卡的"编辑"选项组中，选择"选择"选项，并在其级联菜单中，选择"选择对象"选项即可选中。

步骤02 选择边框颜色。选中图片，在"图片边框"下拉列表中，选择满意的边框颜色。

步骤03 查看效果。此时可以看到，图片边框已发生了变化。

步骤04 设置图片排列方式。选中图片，单击图片右侧"布局选项"悬浮按钮，在打开的"布局选项"列表中，选择"四周型环绕"选项。

步骤05 查看效果。这时可以看到被选中的图片排列方式已发生了变化。

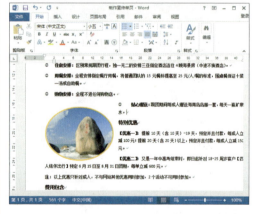

5 插入其他图片

在文档编排过程中，用户可以根据实际需要将多张图片插入文档中，并进行相应的格式设置。

步骤01 单击"插入"选项卡下的"图片"按钮，在打开的"插入图片"对话框中，选择需要的图片，将图片插入至文档合适位置。然后单击"图片工具-格式"选项卡下的"裁剪"下拉按钮，将图片裁剪成大小不等的圆形，其后将图片设置为"四周型环绕"排列方式。

步骤02 设置图片格式。按照以上设置图片格式的方法，选中插入的图片，对其格式进行设置。

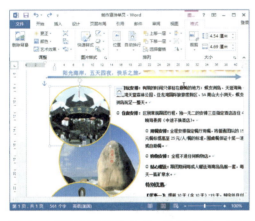

步骤03 设置图片叠放方式。选择中间一张图片，单击"图片工具-格式"选项卡，在"排列"选项组中，单击"上移一层"下拉按钮，选择"置于顶层"选项。

步骤04 完成叠放设置。即可完成图片叠放设置，并查看叠放效果。

步骤05 设置其他图片叠放方式。按照同样的操作，完成剩余图片叠放操作。

2.2.3 制作宣传单页尾内容

为了页面效果统一，用户可适当的对宣传单页尾内容进行设置，其方法如下：

步骤01 复制箭头。选中箭头图形，按Ctrl键，同时按住鼠标左键，拖动鼠标至页尾合适位置，放开鼠标及Ctrl键，完成复制。

步骤02 设置箭头方向。选中箭头，在"绘图工具-格式"选项卡中，单击"形状轮廓"下拉按钮，选择"箭头"选项，在其级联菜单中选择箭头方向。

步骤 03 绘制矩形形状。单击"插入"选项卡下的"形状"下拉按钮，在下拉列表中选择"矩形"选项，绘制矩形形状。然后在打开的"设置形状格式"窗格中，设置矩形形状的渐变色填充效果。

步骤 04 查看效果。设置完成后，关闭"设置形状格式"窗格，查看矩形效果。

步骤 05 输入文本内容。选中矩形，单击鼠标右键，选择"添加文字"命令，在形状中添加相应的文本内容。

步骤 06 完成宣传单的制作。输入完成后，用户可对文本格式稍加修饰，即可完成页尾内容的制作。

2.3 制作公司年度简报

通常简报是传递某方面信息的简短的内部小报，它具有简、精、快、新、实、活和连续性等特点。简报主要内容包括调查报告、情况报告、工作报告、消息报道等。下面将以公司简报为例，介绍使用Word软件制作简报的方法。

2.3.1 设计简报报头版式

通常简报报头内容包括简报期号、印发单位、印发日期等，下面将介绍简报报头制作的操作方法。

1 制作简报标题版式

简报标题通常印在简报首页，为了醒目起见，其字号越大越好。

步骤01 设置页面边距。新建文档，单击"页面布局"选项卡下的"页面设置"选项组对话框启动按钮，在打开的对话框中，将"上""下""左""右"页边距都设为0.5。

步骤02 插入矩形。单击"插入"选项卡下的"形状"按钮，选择形状后，在文档右上角处绘制矩形形状。

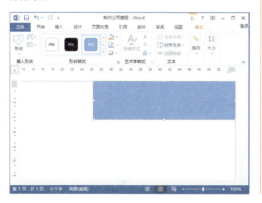

步骤03 设置矩形格式。选中矩形，在"绘图工具-格式"选项卡中的"形状样式"列表中，选择满意的形状样式。

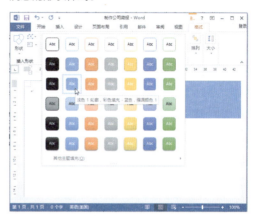

步骤04 设置矩形填充样式。选中矩形并右击，在弹出的快捷菜单中选择"设置形状格式"命令，在打开的窗格中，将其填充效果设为渐变色。

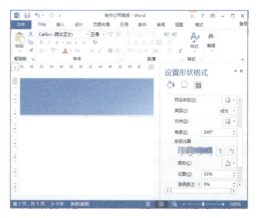

步骤05 插入艺术字。在"插入"选项卡的"文本"选项组中，单击"艺术字"下拉按钮，在下拉列表中选择满意的艺术字样式，并输入文本内容。

步骤06 设置艺术字样式。选中艺术字,设置艺术字的字体、字号,并设置艺术字的外观样式。

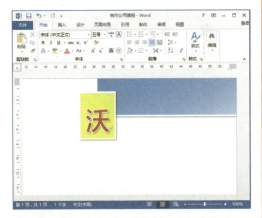

步骤07 插入标题艺术字。单击"艺术字"按钮,在文档中插入艺术字,并输入标题内容,其后设置标题的字体、字号。

步骤08 添加文本框。在"插入"选项卡的"文本"选项组中,单击"文本框"按钮,插入文本框,并输入公司网址内容。

步骤09 设置文本框样式。选中文本框内容,设置好文本格式,并对文本框样式进行设置。

2 制作报纸期刊号版式

报头标题制作完成后,下面则可制作期刊号及报纸印发内容的版式。

步骤01 绘制直线。选择"直线"形状,绘制直线,放置在页面合适的位置。

步骤 02 设置直线线条的粗细样式。选中直线，将直线的粗细设为"3磅"。

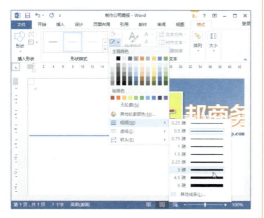

步骤 03 绘制矩形。单击"矩形"形状，绘制矩形，并设置好矩形填充颜色。

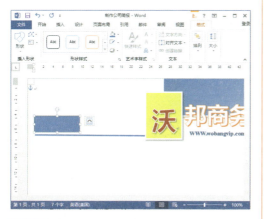

步骤 04 输入期刊号。选中矩形，单击鼠标右键，选择"添加文字"命令，并输入期刊号。

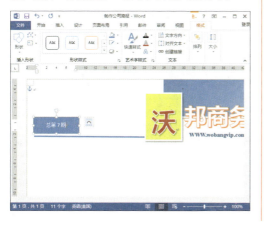

步骤 05 设置期刊内容格式。选中期刊文本内容，单击鼠标右键，选择"字体"命令，并在"字体"对话框中对字体、字号进行设置。

步骤 06 查看结果。设置后，单击"确定"按钮，完成文本格式的设置操作。

步骤 07 组合图形。选中所有图形及艺术字，在"格式"选项卡的"排列"选项组中，单击"组合"按钮，组合所有图形。

步骤 08 选择图片。单击"插入"选项卡中的"图片"按钮,在"插入图片"对话框中,选择公司标志图片。

步骤 09 插入图片。单击"插入"按钮,插入该图片,选中图片,调整好其大小,并放置在文档合适位置。

步骤 10 设置图片排列方式。选中插入的图片,单击"布局选项"悬浮按钮,在其下拉列表中,选择"浮于文字上方"选项。

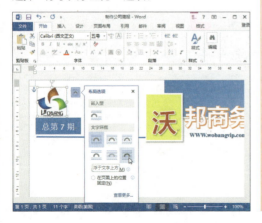

步骤 11 调整图片位置。选中图片,按住鼠标左键,将图片拖至满意位置,放开鼠标即可调整图片位置。

步骤 12 插入文本框。单击"文本框"下拉按钮,插入简单文本框,并输入文本内容。

步骤 13 设置文本框格式。选中文本框,将文本框设为无轮廓、无填充效果,并对其文本格式进行设置。

2.3.2 设计简报内容版式

简报报头版式设计完成后,接下来则需要设计简报正文版式了。

步骤 01 插入文本框。单击"文本框"按钮,插入简单文本框,并将其放置在正文合适位置。

步骤02 输入内容。选中文本框,并在文本框中输入所需内容。

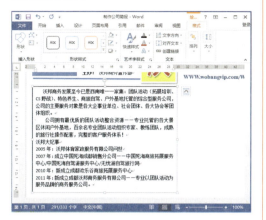

步骤03 插入项目符号。选中所需文本内容,单击"项目符号"按钮,插入相应的符号。

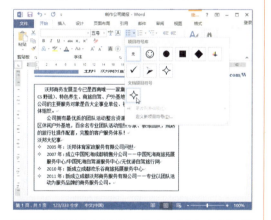

步骤04 设置文本框粗细。选中文本框,在"格式"选项卡下的"形状样式"选项组中,单击"形状轮廓"下拉按钮,选择"粗细"选项,并在其级联菜单中选择"1.5磅"选项。

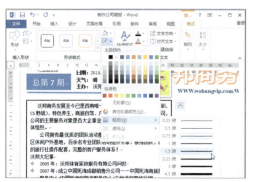

步骤05 设置文本框线型。选中文本框,单击鼠标右键,选择"设置形状格式"命令,打开"设置形状格式"窗格,单击"线条"折叠按钮,然后单击"短划线类型"下拉按钮,选择满意的线型。

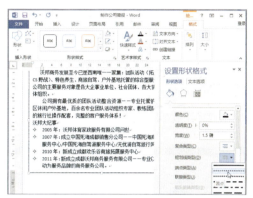

步骤06 设置文本框颜色。单击"颜色"右侧下拉按钮,在"颜色"列表中选择满意的颜色。

步骤07 设置文本框边框宽度。在"线条"选项列表下,在"宽度"右侧文本框中设置宽度值为"3磅"。

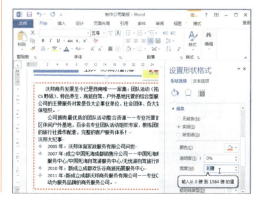

步骤 08 插入矩形。然后绘制矩形形状,并将其放置在文本框中的满意位置。

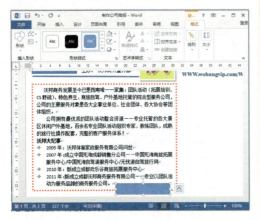

步骤 09 输入文字内容。选中矩形,单击鼠标右键,选择"添加文字"命令,输入文本内容。

步骤 10 设置矩形格式。选中矩形,将"形状填充"设为"白色",将"形状轮廓"设为"无轮廓"。

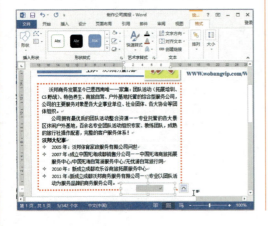

步骤 11 设置字体格式。在矩形形状中,选中输入的文本,在"开始"选项卡下的"字体"选项组中,对其格式进行设置。

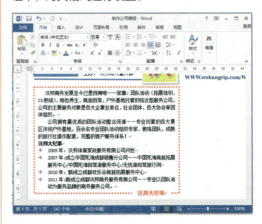

步骤 12 插入其他文本框。单击"文本框"下拉按钮,选择并插入其他文本框,并设置相应的版式。

步骤 13 输入文本框内容。在右侧文本框中,输入文本内容。

070

步骤14 设置文本框边线效果。选中该文本框，将"形状填充"设为"无填充"，将"形状轮廓"设为"无轮廓"。

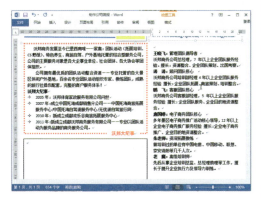

步骤15 插入矩形。在"插入"选项卡下单击"形状"下拉按钮，选择"矩形"选项，绘制矩形，并将其放至该文本框上面。

步骤16 输入标题内容。选中矩形，单击鼠标右键，选择"添加文字"命令，输入标题内容。

步骤17 设置标题内容格式。选择标题文本，在"字体"选项组中，对其文本格式进行设置。

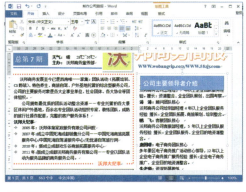

步骤18 设置矩形格式。选中标题矩形形状，根据需要对其格式进行设置。

步骤19 查看设置效果。适当调整好标题文本的位置，即可查看设置后的效果。

步骤20 插入表格。选中另一文本框，输入标题内容，并设置好字体格式，其后在"插入"选项卡下单击"表格"下拉按钮，选择1行2列表格。

步骤 21 输入表格内容。选中插入的表格的第1个单元格,输入文本内容。

步骤 22 设置表格列宽。选中表格中线,当鼠标呈双向箭头显示时,按住鼠标左键不放,向右拖动至满意位置,放开鼠标即可调整列宽。

步骤 23 选择图片。选中表格第2个单元格,在"插入"选项卡下,单击"图片"按钮,在打开的"插入图片"对话框中选择所需图片。

步骤 24 插入图片。单击"插入"按钮,在文档中插入该图片,然后选中图片任意角点,按住鼠标左键,拖动角点至满意位置,则可调整图片大小。

步骤 25 隐藏表格边框。全选表格,在"开始"选项卡的"段落"选项组中,单击"边框"下拉按钮,选择"无框线"选项。

操作提示

解决文本框中图片环绕问题

在文本框中,如想将插入的图片进行图片环绕设置,则需使用表格功能。因为在文本框中,选中插入的图片,此时在相应的图片选项卡中,其"自动换行"命令为灰色不可用状态。所以,只有启用表格功能,才有可能实现图文混排操作。

步骤 26 设置文本框边线。选择完成后,即可隐藏表格框线。然后选中文本框,切换至"绘图工具-格式"选项卡,在"形状样式"选项组中将文本框的"填充颜色"设置为"无填充颜色",设置"形状轮廓"为"无轮廓"。

步骤 27 插入表格。选中下一文本框,单击"插入"选项卡下的"表格"按钮,插入1行2列表格,并选中表格第2个单元格,输入文本内容。

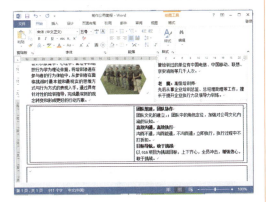

步骤 28 插入图片。选中表格首个单元格,单击"图片"按钮,插入相应的图片,其后对图片的对齐方式和大小进行设置。

步骤 29 隐藏表格。全选表格,单击"表格工具-设计"选项卡下的"边框"下拉按钮,选择"无边框"选项,即可隐藏表格边框。

步骤 30 设置文本框效果。选中文本框,切换至"绘图工具-格式"选项卡,将"形状填充"设为"绿色",将"形状轮廓"设为"长划线-点",并将"宽度"设为"1.5磅"。

步骤 31 输入文本框标题。在该文本框左下角,绘制矩形形状,并在该形状中输入文本标题,对其标题文本格式进行设置,其后将矩形设为"无填充""无轮廓"效果。

步骤 32 插入图片。选中最后一个文本框,单击"插入"选项卡下的"图片"按钮,插入相应的图片。

步骤 33 继续插入图片。再次打开"插入图片"对话框,根据需要插入多张图片。

073

步骤34 设置文本框线。选中该文本框，将"形状填充"设为"无填充颜色"，单击"形状轮廓"下拉按钮，将"粗细"设为"2磅"，将其线型设为"圆点"，将颜色设为"深红"。

步骤35 设置标题格式。绘制矩形形状，并输入标题内容，其后设置标题文本的格式。

步骤36 设置矩形格式。将矩形的"形状填充"设为"白色"，将"形状轮廓"设为"无轮廓"，将文本颜色设为"深红"，其后将其标题移动至该文本框右上角合适位置。

2.3.3 设计简报报尾版式

简报正文版式设置完成后，下面将对报尾版式进行设置。

步骤01 绘制矩形。单击"插入"选项卡下的"形状"下拉按钮，选择"矩形"选项，绘制两个矩形，并为其应用形状样式。

步骤02 输入内容。在小矩形中，添加页码，在大矩形中输入公司名称，并对其格式进行设置。

步骤03 查看最后效果。设置完成后，单击"文件"标签，选择"打印"选项，在右侧预览区域中查看最后效果。

Chapter 3

使用Word制作带表格的文档

在日常工作中，有时会根据文档内容的需要，插入一些表格数据，从而使文档内容更加丰富、明确。本章将以案例的形式，来介绍如何制作表格文档，其中涉及的操作功能包括：插入表格、修饰表格以及表格数据的基本运算等。

本章所涉及的知识要点：

- ◆ 插入表格
- ◆ 设置表格文本样式
- ◆ 设置表格外观样式
- ◆ 对表格数据进行简单计算
- ◆ 根据表格插入相应的图表

本章内容预览：

制作招聘简章

制作个人简历

制作公司办公开支统计表

3.1 制作公司招聘简章

作为一名公司行政人员，拟定公司招聘方案是常有的事。而一份好的招聘简章，可吸引更多的应聘人员，从而提高办公效率。下面将以制作某公司招聘简章为例，来介绍Word表格的插入操作。

3.1.1 输入简章内容

启动Word软件，新建空白文档，对文档页面尺寸进行设置后即可输入简章内容，其具体操作如下：

步骤01 设置纸张方向。新建空白文档，单击"页面布局"选项卡，在"页面设置"选项组中，单击"纸张方向"下拉按钮，选择"横向"选项，即可完成设置。

步骤02 设置页面边距。单击"页面设置"选项组的对话框启动器按钮，打开"页面设置"对话框，将页边距设为1.5。

步骤03 输入简章标题内容。在文档光标处输入标题文本内容。

步骤04 输入简章正文内容。标题文本内容输入完成后，按Enter键，另起一行，输入简章正文内容。

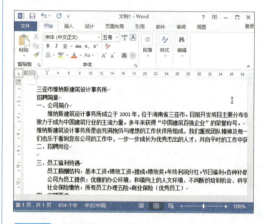

步骤05 设置标题文本格式。选中简章的标题文本内容，在"开始"选项卡下的"字体"选项组中，将简章标题文本的"字体"设为"黑体"、"字号"设为"小一"。

步骤06 设置标题文本的对齐方式。将简章标题设置为居中对齐方式。

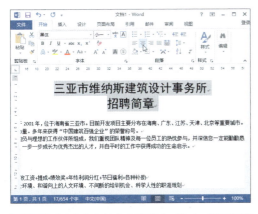

步骤07 打开"字体"对话框。选中"招聘简章"文本,单击鼠标右键,选择"字体"命令,在打开的对话框中,切换至"高级"选项卡。

步骤08 设置字符间距。单击"间距"下拉按钮,选择"加宽"选项,将"磅值"设为6。

步骤09 完成设置。单击"确定"按钮,关闭"字体"对话框并返回文档中,可以看到被选中的文本间距已发生了变化。

高手妙招

使用悬浮工具设置文本格式
　　在文档中选择需设置格式的文本内容,此时在光标处则会显示悬浮工具栏。在该工具栏中,用户同样可对文本的字体、字号、字形以及对齐方式进行设置。

步骤10 设置正文字体格式。选中正文段落标题文本,在"字体"选项组中,将"字体"设为"黑体","字号"设为"四号"。

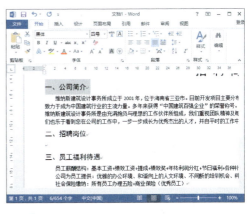

步骤11 设置正文段落格式。选中正文段落文本,拖动标尺,对正文的"缩进值"进行设置。

> **步骤 15** 查看效果。选择好后，即可插入相应的编号样式，适当调整段落缩进值，即可查看设置后的效果。

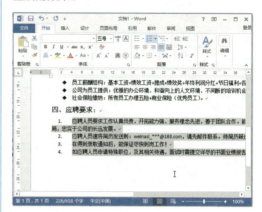

3.1.2 插入职位列表

要在文档中插入表格，其方法有多种，下面将以在"插入表格"对话框插入表格的方法，来介绍其具体操作步骤。

1 插入表格

在文档中适当地插入表格，可以将原本非常复杂的内容简单明了地表达出来，表格插入的方法如下：

> **步骤 01** 应用"插入表格"功能。将光标定位至插入点，单击"插入"选项卡，在"表格"选项组中，单击"表格"下拉按钮，选项"插入表格"选项，即可打开"插入表格"对话框，进行相应的设置。

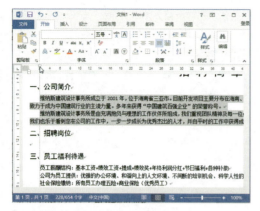

> **步骤 12** 选择项目符号样式。选中所需段落内容，单击"项目符号"下拉按钮，在符号库中，选择满意的项目符号样式。

> **步骤 13** 查看设置效果。选择完成后，被选中的段落已添加了项目符号。

> **步骤 14** 选择编号样式。选中正文所需段落内容，单击"编号"下拉按钮，选择编号样式。

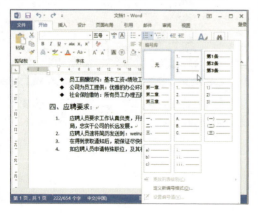

步骤02 设置表格的行数、列数。在"插入表格"对话框中，将"列数"设为6，将"行数"设为5，单击"确定"按钮。

> **操作提示**
>
> **对表格进行自动调整**
>
> 表格插入后，用户可使用表格自动调整功能，对行高和列宽进行设置，其方法为：全选表格，单击鼠标右键选择"自动调整"命令，在级联菜单中选择相应的选项即可。

步骤03 插入表格。返回文档中，即可看到在文档光标处，插入了设置的表格。

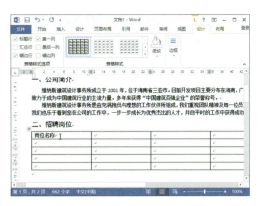

2 输入表格内容

当表格插入完成后，即可进行表格内容的输入，其方法如下：

步骤01 输入表头内容。将光标定位至表格第1行的第1个单元格，输入表头内容。

步骤02 输入表头其他内容。按Tab键，此时光标定位至第1行第2个单元格，输入内容后，按照同样方法，输入表头其他内容。

步骤03 全选表格。单击该表格左上角十字型图标，即可全选表格。

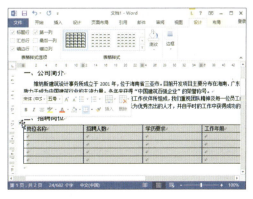

步骤 04 输入表格剩余内容。按照以上操作方法，将表格其他内容输入完整。

步骤 03 调整表格其他列的列宽。按照同样的操作，将表格其他所需的列宽进行调整操作。

步骤 04 调整行高。行高的调整与列宽相同，同样选中表格所需调整的行，将光标放至行分割线上，当光标呈上下箭头时，按住鼠标左键不放，拖动分割线至满意位置，放开鼠标即可完成调整操作。

3.1.3 设置表格格式

表格内容输入完毕后，通常都会对表格及表格文本格式进行相应的调整，其中包括列宽、行高的设置；表格文本对齐方式以及表格行、列的插入操作等。

1 调整表格行高和列宽

在一张表格中，有的单元格内容很满，而有的却十分宽松，这样的表格看上去十分难看，此时用户需对表格行高、列宽进行调整，其方法如下：

步骤 01 调整列宽。选中需要调整的列，将光标放至该列的分割线上，当光标呈左右箭头时，按住鼠标左键不放，进行拖动。

步骤 02 完成调整。拖至满意的位置后，放开鼠标即可调整该列列宽。

步骤 05 选择行。将光标移至需要选中的行左侧空白处，当光标以箭头显示时单击，即可全选该行内容。

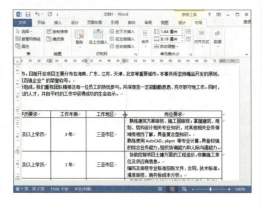

步骤06 在功能区中设置行高。在"表格工具-布局"选项卡的"单元格大小"选项组中,单击"表格行高"微调按钮,即可对当前行高进行微调。

> **高手妙招**
>
> **设置表格文本对齐方式**
> 若需对文本对齐方式进行设置,可通过以下方法进行操作:
> 选中表格所需调整的文本内容,在"表格工具-布局"选项卡的"对齐方式"选项组中,单击所需对齐按钮即可。

步骤07 同样方法调整列宽。选中需要设置列宽的列,在"单元格大小"选项组中,单击"表格列宽"微调按钮,同样可对当前列宽进行调整。

2 插入整行或整列

有时会根据需要,对当前表格的内容进行添加,此时则需使用行和列的插入功能,其操作如下:

步骤01 选择行插入位置。将光标定位至所需行,单击"表格工具-布局"选项卡,在"行和列"选项组中,根据需要单击"在上方插入"按钮。

步骤02 插入行。这时可以看到,在光标所在行的上方,即可插入空白行。

步骤03 选择列插入位置。将光标定位至所需列,在"行和列"选项组中,根据需要单击"在右侧插入"按钮。

步骤 04 插入列。单击后即可看到，在光标所在列的右侧插入了空白列。

步骤 05 快速插入空白行。选中所需行，将光标移至表格右侧空白处，此时在该行的分割线上显示"+"图标，单击该图标，即可在相应的位置，插入空白行。

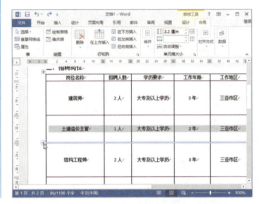

3.2 制作个人简历

简历制作的好坏，直接影响到应聘效果。好的个人简历，可使招聘人员眼前一亮，并能够耐心阅览。简历不宜做的太过花俏，否则会起到反作用。所以在制作简历时，只需做到内容精炼，不拖拉，页面干净、整洁即可，毕竟简历只是一份敲门砖，展示好自己的工作能力才是最主要的。下面将以制作个人简历模板为例，来介绍Word表格修饰操作。

3.2.1 插入简历表格

启动Word软件，新建空白文档。将光标定位至插入点，使用插入表格功能即可插入，其方法如下：

步骤 01 设置页边距。打开"页面设置"对话框，将当前文档的页面边距都设置为2。

步骤 02 插入表格。单击"插入"选项卡，在"表格"选项组中，单击"表格"下拉按钮，在下拉列表中，将光标移动至所需的行数及列数，这里为"4×8表格"。

步骤 03 自动插入表格。选择完成后，在文档光标处，即可自动插入相应的表格。

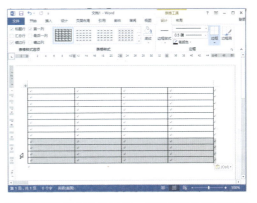

步骤 06 插入多行。放开鼠标,即可在表格下方,一次性插入4个空白行。

步骤 04 选择多行。将光标定位至第5行第1单元格处,按住鼠标左键不放,拖动光标至表格末尾单元格,放开鼠标即可选择多行。

步骤 07 选择多个单元格。将光标定位至表格第4列第1个单元格中,按住鼠标左键不放,将光标拖至该列第6个单元格中。

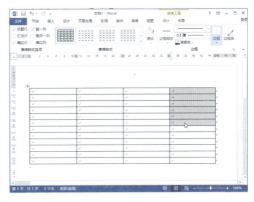

步骤 05 拖动行。选择完成后,将光标移至被选的4行中,当光标以箭头图标显示时,按住鼠标左键不放,将其拖拽至表格下方回车符上。

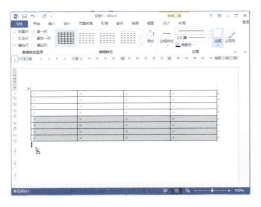

步骤 08 拆分单元格。单击"表格工具-布局"选项卡,在"合并"选项组中,单击"拆分单元格"按钮。

步骤 09 输入拆分值。在"拆分单元格"对话框中,单击"列数"文本框,并输入2。

步骤 10 完成拆分操作。单击"确定"按钮,可将被选中的单元格进行拆分。

步骤 11 选择多个单元格。使用鼠标拖拽的方法,选择表格第1行第2~4个单元格。

步骤 12 合并单元格。在"表格工具-布局"选项卡下的"合并"选项组中,单击"合并单元格"按钮。

步骤 13 完成单元格合并。这时即可看到,被选中的单元格已合并。

步骤 14 合并其他单元格。按照以上合并单元格的方法,合并表格中其他需要合并的单元格。

操作提示

拆分表格的操作

如果想要将表格一分为二,可使用"拆分表格"命令进行操作。在表格中,指定要拆分的位置,在"表格工具-布局"选项卡的"合并"选项组中,单击"拆分表格"按钮,即可完成该表格的拆分操作。

3.2.2 填写并设置表格内容

表格插入完毕后，用户可根据需要填写表格内容了，其具体操作如下：

步骤01 插入标题行。将光标定位至首行末尾处，按Ctrl+Shift+Enter组合键，即可插入标题空白行。

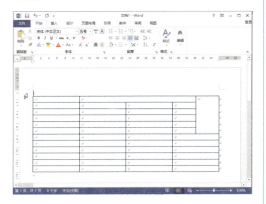

步骤02 输入表格标题内容。在标题行中，输入表格内容，例如"个人简历"文本。

步骤03 设置标题格式。选中标题文本，在"开始"选项卡下的"字体"选项组中，将"字体"设为"黑体"，将"字号"设为"一号"。

步骤04 设置标题文本间距。选中标题文本，单击"段落"选项组中的"居中"按钮，将其设为居中显示。单击"字体"选项组的对话框启动器按钮，打开"字体"对话框，切换至"高级"选项卡，将"间距"设为"加宽"，将"磅值"设为"4磅"。

步骤05 查看效果。设置完成后，单击"确定"按钮返回文档中，查看设置效果。

步骤06 输入简历模板内容。将光标定位至单元格内，输入简历的相关内容。

步骤 07 设置文字方向。选择所需单元格,单击"表格工具-布局"选项卡,在"对齐方式"选项组中,单击"文字方向"按钮。

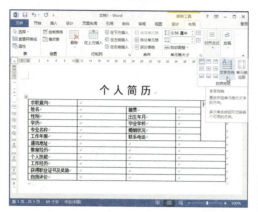

步骤 08 输入竖版文本。然后单击"中部居中"按钮,设置文本的对齐方式。此时在单元格内输入的内容,则是以纵向进行排列。

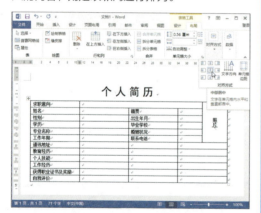

步骤 09 设置文本对齐方式。将表格内所有文本都设置为水平居中显示。然后,使用合并单元格命令,合并表格所需合并的单元格。

步骤 10 调整表格列宽。选中需调整的列,使用鼠标拖拽的方式,调整表格的列宽。

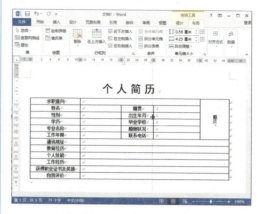

步骤 11 调整表格行高。选中表格中需调整的行,在"表格工具-布局"选项卡的"单元格大小"选项组中,单击"表格行高"微调按钮,设置表格的行高值。

3.2.3 设置表格样式

表格样式的设置包括表格底纹的添加、表格边框线的添加、表格文本格式的设置等。下面将介绍其具体操作方法。

1 设置表格文本格式

表格文本格式的设置,包括文本字体字号的设置、文本的字体颜色设置和文字的各种效果设置等,可根据需要对其进行相应的设置,操作方法如下:

步骤01 设置字体格式。在表格选中需设置字体的文本，在"字体"选项组中，对文本的"字体""字号"进行设置。

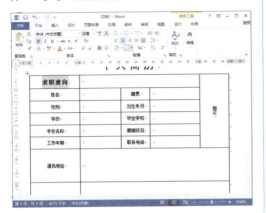

步骤02 复制格式。使用"格式刷"功能，将设置好的文本格式复制到其他文本内容上。

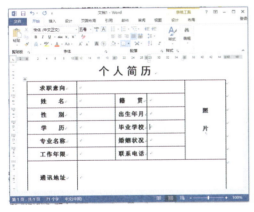

步骤03 调整文本间距。将表格某些文本间距进行微调。

2 设置表格边框

设置好表格的文本格式后，还需对表格边框线进行设置。设置表格边框的格式，除了在"表格工具-设计"选项卡下，单击相应的按钮进行设置，还可在"边框的底纹"对话框中进行统一的设置，具体的操作方法如下。

步骤01 打开"边框和底纹"对话框。全选表格，单击"表格工具-设计"选项卡的"边框"选项组的对话框启动器按钮，打开相应的对话框。

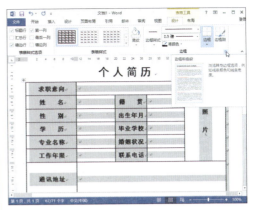

步骤02 设置边框样式。在"边框和底纹"对话框的"边框"选项卡中，选择"方框"选项，并在"样式"列表中，选择线型样式。

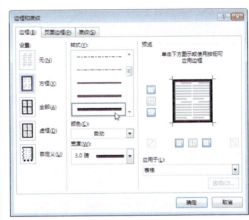

步骤03 选择内框线。单击"自定义"选项，在"样式"列表中，选择默认线型样式，在"预览"区域中，单击表格内框线按钮。

步骤 04 查看效果。设置完成后，单击"确定"按钮，完成表格边框的设置。

3 设置单元格底纹

为单元格添加底纹，可美化表格外观，其方法如下：

步骤 01 选择底纹颜色。选中所需单元格，在"表格工具－设计"选项卡的"表格样式"选项组中，单击"底纹"下拉按钮，在颜色列表中，选择满意的颜色。

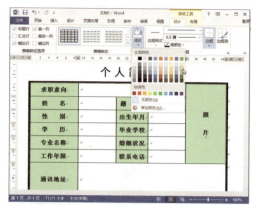

步骤 02 查看效果。底纹的颜色选择完成后，即可查看表格设置的效果。

> **操作提示**
>
> **为表格添加底纹的方法**
> 将光标定位至表格任意位置，在"表格工具－设计"选项卡的"边框"选项组中，单击"边框"命令启动按钮，在"边框和底纹"对话框中，选择"底纹"选项卡，在"填充"列表中，选择满意的颜色即可完成表格底纹的添加。

3.3 制作公司办公开支统计表

通常一些简单的办公报表、统计表等的表格，使用Word软件也可轻松制作完成。而利用Word表格中公式功能，可对表格数据进行一些简单的计算。下面将以制作办公开支统计表为例，来介绍Word公式功能的操作。

3.3.1 插入并输入表格内容

新建文档后，使用插入表格功能即可轻松插入所需表格，并对表格内容进行输入操作。

步骤 01 设置页面尺寸。新建文档，单击"页面布局"选项卡下"页面设置"选项组的对话框启动器按钮。在打开的"页面设置"对话框中，将"纸张大小"设为"16开"，将页边距设为1.5后，单击"确定"按钮，返回文档中。

步骤02 插入表格。单击"插入"选项卡下的"表格"下拉按钮，插入一个 8 行 5 列的表格。

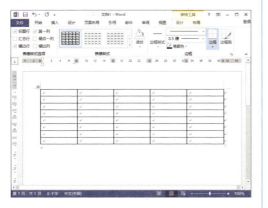

步骤03 输入表格标题。将光标放至表格第一行末尾处，按 Ctrl+Shift+Enter 组合键，插入标题，并输入表格标题文本。

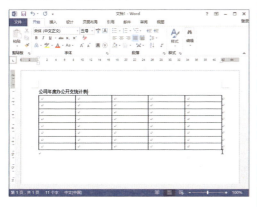

步骤04 应用"绘制表格"功能。在"插入"选项卡下单击"表格"下拉按钮，选择"绘制表格"选项。

步骤05 绘制标题行。当光标呈铅笔形状时，按住鼠标左键不放，拖拽光标至满意位置。

步骤06 完成绘制。放开鼠标完成标题行的绘制操作。

步骤07 输入表格内容。将光标定位至相应的单元格内，输入表格内容。

步骤08 设置标题文本格式。将标题文本的"字体"设为"黑体",将"字号"设为"四号",并将其水平居中显示。

步骤09 设置表格内容格式。按照同样操作,对表格文本内容的格式进行设置。

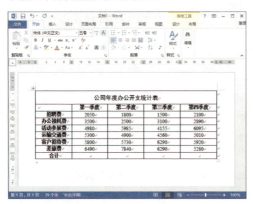

步骤10 设置表格行高。选中表格,切换至"表格工具-布局"选项卡,单击"表格行高"微调按钮,调整好表格的行高。

步骤11 添加表头斜线。选中表头第1个单元格,单击"表格工具-设计"选项卡,在"表格样式"选项组中,单击"边框"下拉按钮,选择"斜下框线"选项。

步骤12 查看斜线效果。选择完成后,被选中的单元格会自动添加斜线。

3.3.2 统计表格数据

在Word表格中,用户可对表格数据进行简单的统计,例如数据运算、数据排序等,下面将对其操作进行介绍。

1 数据计算

创建表格后,要对表格数据进行计算,使用Word的"公式"功能即可轻松完成操作,其具体操作如下:

步骤01 定位计算结果的单元格。在表格中,将光标定位至运算结果单元格,这里将定位在第2列末尾单元格。

步骤02 应用"公式"功能。单击"表格工具-布局"选项卡,在"数据"选项组中,单击"公式"按钮。

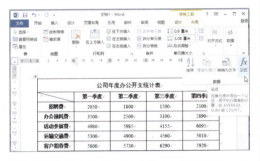

步骤03 计算合计值。在"公式"对话框中,系统默认的公式为求和公式,保持默认的设置不变,单击"确定"按钮。

步骤04 显示计算结果。此时,在光标定位的单元格中,即可显示求和结果。

步骤05 计算其他合计值。按照以上求和方法,计算表格其他列的合计值。

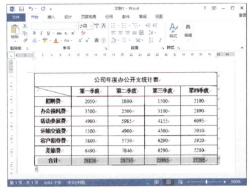

2 数据排序

若要对表格的数据进行排序,可使用"排序"功能,其具体操作如下:

步骤01 选择所需数据。在表格中,选中要排序的行或列,这里选择"第一季度"的列。

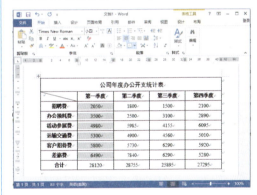

步骤02 启动"排序"功能。在"表格工具-布局"选项卡的"数据"选项组中,单击"排序"按钮。

步骤 03 设置排序选项。在"排序"对话框的"主要关键字"文本框中，自动显示被选中的列，其后单击"升序"单选按钮。

高手妙招

巧妙切换

在Word中绘制表格时，常常需要用到铅笔和擦除工具，通过功能区中的命令按钮会比较麻烦，其实在选择"绘制表格"命令后，只需按住Shift键不放，鼠标光标可以从铅笔切换到橡皮擦工具，可以擦除框线，擦除操作完成后，释放Shift键，可还原回铅笔工具。

步骤 04 完成排序。设置完成后，单击"确定"按钮，此时表格中被选数据将以升序显示。

3.3.3 根据表格内容插入图表

为了使表格数据显示更为直观，数据分析更为准确，用户可在文档中插入相关图表内容。下面将对在Word中图表的操作方法进行详细的介绍。

1 插入图表

想在文档中插入图表，可通过以下方法进行操作：

步骤 01 启用"图表"功能。将光标定位至图表插入点，单击"插入"选项卡，在"插图"选项组中，单击"图表"按钮。

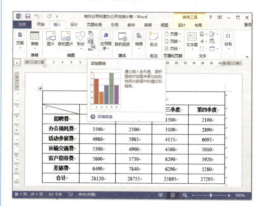

步骤 02 选择图表类型。在"插入图表"对话框中，选择好图表类型，这里选择默认的"簇状柱形图"图表，然后单击"确定"按钮。

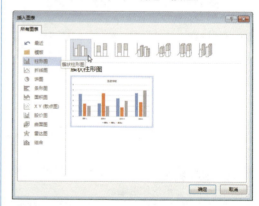

步骤 03 输入表格数据。稍等片刻，系统会自动打开Excel工作表，在该工作表中，根据提示输入所需数据内容。

高手妙招

更换图表数据

在文档中插入图表后，如果想更改图表中的数据，可选中该图表，单击鼠标右键，在快捷菜单中，选择"编辑数据"命令，在打开的Excel工作表中，修改数据即可。

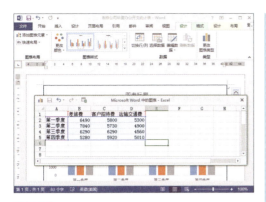

步骤 04 插入图表。输入完毕后，关闭Excel工作表，此时在Word文档中则可显示插入的图表效果。

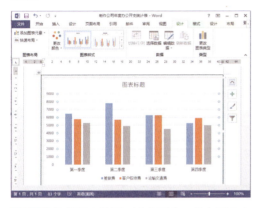

步骤 05 调整图表位置。选中图表，单击图表右上角的"布局选项"按钮，在打开的列表中，选择"浮于文字上方"选项，单击"关闭"按钮，移动该图表至合适位置即可。

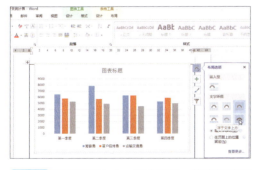

步骤 06 调整图表大小。选中图表，将光标移至该图表四个控制点上，按住鼠标左键拖动该控制点至满意位置放开鼠标，即可调整其大小。

2 修饰图表

图表插入后，用户可根据需要对该图表进行简单修饰，其操作如下：

步骤 01 添加图表标题。单击图表上方的标题文本框，输入图表的标题文本，其后单击图表任意空白处，完成输入。

步骤 02 添加数据标签。选中图表，单击该图表右侧"图表元素"按钮，在其下拉菜单中，勾选"数据标签"复选框，并在其级联菜单中，选择标签位置。

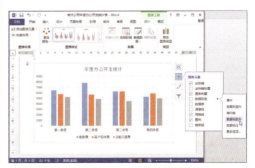

Chapter **3** 使用Word制作带表格的文档

093

步骤 03 查看效果。选择完成后，即可在数据系列上方添加数据标签。

步骤 04 添加数据表。在"图表元素"选项列表中，勾选"数据表"复选框，即可在图表下方添加图表的源数据表格。

步骤 05 更改图表样式。若想对当前图表样式进行更改，可单击"图表工具-设计"选项卡，在"图表样式"选项组中，选择满意的样式。

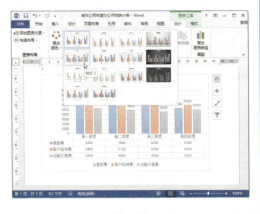

步骤 06 更改图表颜色。若对当前图表颜色进行更改，可在"图表样式"选项组中，单击"更改颜色"下拉按钮，在其下拉列表中，选择满意的颜色。

> **操作提示**
>
> **更改图表样式的其他方法**
> 选中图表，单击图表右上角的"图表样式"按钮，在"样式"列表中，用户选择满意的样式，即可更改。同样，在"颜色"列表中，选择满意的颜色，也可对图表数据系列的颜色进行更改。

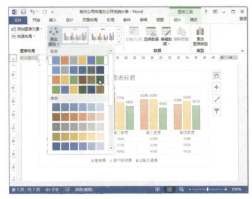

3.3.4 美化表格

表格制作完毕后，用户可对表格进行一些必要的修饰，其具体操作如下：

步骤 01 启用"边框和底纹"功能。选中表格标题行，在"表格工具-设计"选项卡的"边框"选项组中，单击"边框"下拉按钮，选择"边框和底纹"选项。

步骤 02 设置标题底纹颜色。在"边框和底纹"对话框中，单击"底纹"选项卡，并在"填充"下拉列表中，选择满意的底纹颜色。

步骤 03 查看填充结果。单击"确定"按钮，即可查看标题行的填充效果。

> **操作提示**
>
> **使用其他公式计算**
> 应用Word的数据计算功能时，在"公式"对话框中，默认显示的公式为求和，如果想使用其他公式，则在"公式"文本框中，删除求和公式（保留等号），其后单击"粘贴函数"下拉按钮，选择需要的公式，在"公式"文本框显示的公式参数中，根据需要输入Above或Left字符，单击"确定"按钮，即可完成相应的计算操作。

步骤 04 设置表头底纹颜色。选中表格表头内容，在"边框和底纹"对话框的"底纹"选项卡中，选择填充颜色。

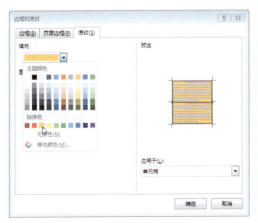

步骤 05 查看效果。设置完成后，关闭该对话框，查看表头底纹填充效果。

步骤 06 设置表格外框线型。在"边框和底纹"对话框的"边框"选项卡中，根据需要设置外框线型及宽度值。

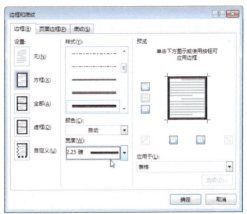

步骤 07 查看设置结果。单击"确定"按钮，查看设置结果。

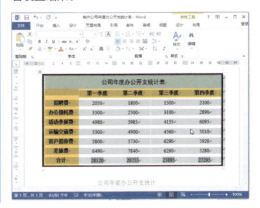

步骤 08 设置表格内框线型。选中表格内容（除标题行），在"边框和底纹"对话框的"边框"选项卡中，根据需要设置表格内框线型样式。

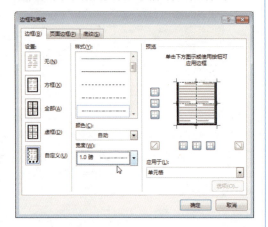

步骤 10 选择内置表格样式。全选表格，在"表格工具 – 设计"选项卡的"表格样式"选项组中，单击"其他"下拉按钮，选择合适的表格样式。

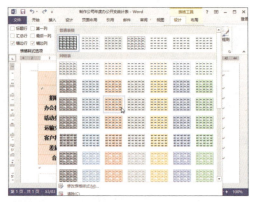

步骤 09 查看结果。单击"确定"按钮，即可查看设置好的表格线型样式。

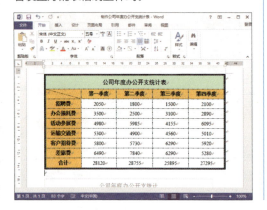

步骤 11 查看设置结果。选择完成后，即可完成表格样式的更改操作。

Chapter 4

使用Word模板制作办公常用文档

Word 2013内置了多种模板样式，例如各种信函、简历、报表、传真等，同时用户也可通过Word 2013直接在Office.com上下载自己喜欢的模板来创建文件。使用模板可以快速生成特定类型的Word文档，创建非常专业的文档效果，提高用户的工作效率。本章将以各种案例的形式，向用户介绍Word模板的创建与制作的具体操作。

本章所涉及的知识要点：

- ◆ 创建模板文件
- ◆ 插入文本控件
- ◆ 插入选项列表控件
- ◆ 文档版面排版设计
- ◆ 设置控件属性

本章内容预览：

制作企业红头文件

制作员工工作证

制作电子调查问卷

4.1 制作企业红头公文模板

"红头文件"是人们对行政公文的一种俗称，因公文头是红色而得名。通常一些企事业单位通过该公文来向员工或其他相关人员传达单位重要决策、调动及措施等信息。该公文看似简单，但制作起来较为麻烦，下面将以制作企业红头公文模板为例，来介绍其制作方法。

4.1.1 制作公文头

公文头的字体、段落设置要求都比较严谨，用户需根据规范设置进行制作。

1 输入公文头内容

普通公文头内容包含发文机关名称、文号以及红色分割线三个部分组成，下面将介绍制作公文头的具体操作。

步骤01 设置页边距。新建文档并打开"页面设置"对话框，将上边距设为3.7，下边距设为3.5，左、右两侧边距设为2.5。

步骤02 输入发文机关名称。单击"确定"按钮返回文档中，在页面光标处，输入发文机关标题内容。

步骤03 设置字体格式。选中发文机关标题文本，将"字体"设为"黑体"，"字号"设为"一号"，"字体颜色"设为"红色"。

步骤04 设置段落格式。将发文机关的标题文本设置为居中显示，并将"段前"设为3，"段后"设为2。

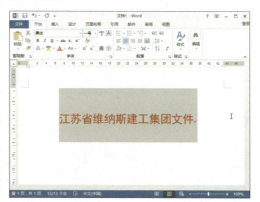

步骤05 输入文号内容。按 Enter 键另起一行，输入公文文号内容，将"字体"设为"仿宋"，将"字号"设为"3号"，将"字体颜色"设为"黑色"。

步骤06 插入符号。单击"插入"选项卡下的"符号"按钮,打开"符号"对话框,选择所需的左括号样式,单击"插入"按钮,插入该符号,按照同样的操作,插入右括号。

步骤07 设置文号的段落间距。选中文号内容,在"段落"对话框中,将"段前""段后"都设为2。

步骤08 绘制直线形状。单击"插入"选项卡,在"形状"下拉列表中,选择"直线"选项,当光标呈实心十字形后,按住Shift键,绘制直线。

步骤09 设置直线宽度。选中绘制的直线,单击鼠标右键,选择"设置形状格式"命令,在"线条"选项列表中选择"实线",将"宽度"设为2.25磅。

步骤10 设置直线颜色。单击"颜色"右侧的下拉按钮,在颜色列表中,选择"红色"。

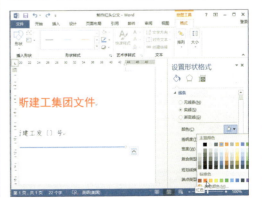

步骤 11 调整直线位置。选中直线，按下键盘上相应的方向键，对直线位置进行调整。

2 添加文本控件

通常在模板的制作过程中，根据需要添加一些文本控件功能。这样在以后的应用中，用户只需根据需要对少部分内容进行相应的改动，即可快速制作出非常专业的文档。

步骤 01 打开"Word选项"对话框。单击"文件"标签，选择"选项"选项，打开"Word选项"对话框。

步骤 02 添加"开发工具"选项卡。选择"自定义功能区"选项，单击"自定义功能区"下拉按钮，选择"主选项卡"选项，然后在列表框中勾选"开发工具"复选框。

步骤 03 完成添加。单击"确定"按钮，此时在Word功能区中，即可显示该选项卡。

步骤 04 定位光标。将光标移至公文头括号中。

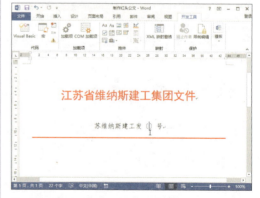

步骤 05 启用"格式文本内容控件"功能。单击"开发工具"选项卡，在"控件"选项组中，单击"格式文本内容控件"按钮。

步骤06 插入控件框。此时在光标位置插入了相应的控件，并显示了控件内容输入框。

步骤07 启用"设计模式"功能。在"控件"选项组中，单击"设计模式"按钮。

步骤08 输入控件文本。在该控件输入框中，输入"输入年份"文本。

步骤09 取消设计模式。输入完成后，再次单击"设计模式"按钮，即可取消设计模式，完成控件文本内容的输入。

步骤10 添加底纹。选中该控件，在"开始"选项卡中，单击"段落"选项组的"边框"下拉按钮，选择"边框和底纹"选项，打开相应的对话框，单击"底纹"选项卡，设置合适的底纹颜色。

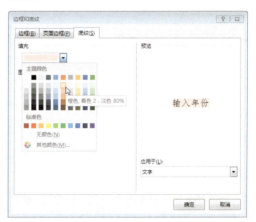

步骤11 查看效果。单击"确定"按钮，关闭对话框并返回文档中，此时控件中的文本已添加了所选的底纹颜色。

步骤12 设置文号控件。按照同样的操作，设置文号控件。

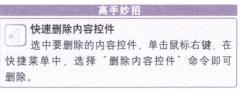

4.1.2 制作公文正文内容

公文头内容制作完毕后,接下来将使用插入内容控件的方法,制作正文内容。

1 制作正文控件

添加正文控件的方法和添加公文头控件的方法相似,其具体操作如下:

步骤01 插入格式文本内容控件。按Enter键,另起一行。切换至"开发工具"选项卡,在"控件"选项组中单击"格式文本内容控件"按钮,添加控件输入框。

步骤02 设置控件文本格式。单击"设计模式"按钮,并在"开始"选项卡的"字体"选项组中,将控件文本的"字体"设为"黑体",文本"字号"设为"二号"。

步骤03 更改控件内容。控件文本格式设置完成后,选中该控件输入框,输入"单击此处输入标题"文本。

步骤04 设置标题段后值。关闭"设计模式"功能,单击"开始"选项卡,打开"段落"对话框,将其"段后"值设为1。

步骤05 添加底纹。选中该控件，为其添加合适的底纹颜色。

步骤06 打开"内容控件属性"对话框。选中控件输入框，单击"开发工具"选项卡，在"控件"选项组中，单击"控件属性"按钮。

步骤07 设置内容控件属性。在"内容控件属性"对话框中，勾选"内容被编辑后删除内容控件"复选框后，单击"确定"按钮。

步骤08 插入格式文本内容控件。在标题下方光标位置，单击"格式文本内容控件"按钮，插入控件后，单击"设计模式"按钮，输入内容。

步骤09 设置主送段落值。将主送内容左对齐，并将其"段前"和"段后"值设为0。

步骤10 插入正文内容控件。将光标定位至主送内容下方，插入"格式文本内容"控件，并单击"设计模式"按钮，输入控件内容。

103

步骤11 设置控件文本格式。选中该控件文本，在"开始"选项卡的"字体"选项组中，将"字体"设为"仿宋"，将"字号"设为"三号"。

步骤12 设置控件段落格式。选中该控件，在"段落"对话框中，将"缩进值"设为2，将"行距"设为"固定值"，数值为"28"后，单击"确定"按钮。

步骤13 设置控件属性。选中该控件，单击"控件属性"按钮，在打开的对话框中，将"标题"设为"正文"，勾选"内容被编辑后删除内容控件"复选框。

步骤14 查看效果。单击"确定"按钮，完成设置操作，此时在该控件上方则会显示"正文"标题。

步骤15 启用日期控件功能。在正文下方合适的位置，单击"开发工具"选项卡，在"控件"选项组中，单击"日期选取器内容控件"按钮。

步骤16 插入日期控件。选择好后，在光标处即可显示日期控件。

步骤17 设置日期控件属性。选中该控件,单击"控件属性"按钮,在打开的对话框中,将"标题"设为"发布时间",在"日期显示方式"下拉列表中,选择所需选项后,单击"确定"按钮。

高手妙招

使用日期控件快速输入日期

单击日期控件右侧下拉按钮,在打开的日期列表中,选择满意的日期即可完成日期的输入。

步骤01 输入版记内容。在日期控件下方三行位置,输入公文版记内容。

步骤02 设置主题词文本格式。选中"主题词"文本,将"字体"设为"黑体","字号"设为"三号","字形"设为"加粗"。

步骤03 设置其他版记文本格式。将版记中其他文本的"字体"设为"仿宋","字号"设为"三号","字形"设为"常规"。

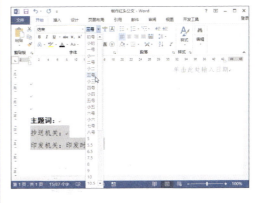

步骤18 设置日期控件文本格式。将该控件文本格式设置为"仿宋""三号",并将对齐方式设为右对齐。

2 制作版记控件

公文版记大致是由"主题词""抄送机关""印发机关""印发时间"以及分割线组成。通常版记位于公文末尾处,下面将介绍版记内容的制作。

步骤 04 设置版记段落格式。选中版记内容,将其"段前""段后"值均设置为0.5。

步骤 05 绘制分割线。单击"插入"选项卡下的"形状"下拉按钮,选择"直线"选项,按住Shift键,绘制分割线。

步骤 06 设置分割线。选中该分割线,在"绘图工具-格式"选项卡中,单击"形状轮廓"下拉按钮,将颜色设为"黑色",将"粗细"设为"1磅"。

步骤 07 复制分割线。选中设置好的分割线,按Ctrl键,复制2条分割线,并放置在版记合适位置。

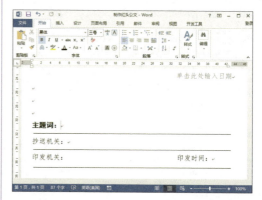

步骤 08 插入主题词控件。将光标定位至"主题词"字样后,单击"格式文本内容控件"按钮,插入控件,并单击"设计模式"按钮,输入内容。

步骤 09 设置主题词内容格式。将主题词内容文本的"字体"设为"仿宋","字号"设为"三号","字形"设为"加粗"。

> **操作提示**
>
> **其他控件介绍**
>
> 在"控件"选项组中，除了使用"格式文本内容控件"之外，还可使用"纯文本内容控件""图片内容控件""组合框内容控件"等，其操作方法与"格式文本内容控件"相同，用户只需根据文档需要选择相应的控件选项即可。

步骤10 插入其他控件。按照以上方法，插入版记中其他内容的控件。

4.1.3 保存模板文档

模板文档格式为：*.dotx，保存模板文档后，当下次需要调用该模板时，双击该格式文档即可调用。

步骤01 打开"另存为"对话框。单击"文件"标签，选择"另存为"选项，双击右侧"另存为"选项区域中的"计算机"选项，打开"另存为"对话框。

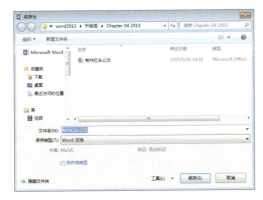

步骤02 选择文档类型。设置好文档的保存路径及文件名后，单击"保存类型"下拉按钮，选择"Word模板"选项。

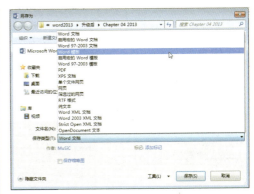

步骤03 完成保存。单击"保存"按钮，完成模板保存操作。当下次调用时，直接双击该模板文档，即可打开并应用。

4.1.4 制作联合公文文头

若是两家或两家以上的机关单位联合发布的公文，可叫做联合公文。该公文制作方法与红头公文相似，其区别在于文头发文机关内容的不同。下面将介绍制作联合公文文头的具体操作方法。

步骤01 输入发文机关名称。在文档合适位置，输入所有发文机关名称。

步骤02 设置文本格式。选中发文机关名称，将其"字体"设为"黑体"，"字号"设为"一号"，"字体颜色"设为"红色"。

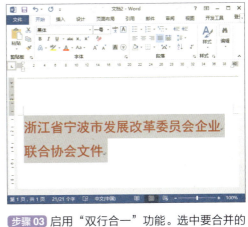

步骤03 启用"双行合一"功能。选中要合并的机关名称，在"开始"选项卡的"段落"选项组中，单击"中文版式"下拉按钮，选择"双行合一"选项。

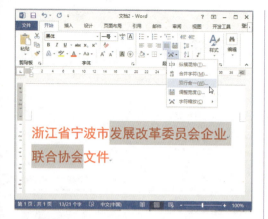

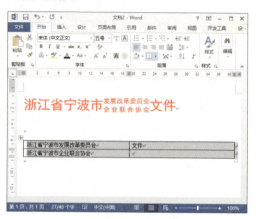

步骤 01 创建表格。单击"插入"选项卡下的"表格"下拉按钮,插入2行2列表格,并输入发文机关名称。

步骤 04 选择默认设置。在"双行合一"对话框中,保持对话框中的默认设置不变,单击"确定"按钮。

步骤 02 合并单元格。选择第2列,在"表格工具-布局"选项卡的"合并"选项组,单击"合并单元格"按钮,进行单元格合并。

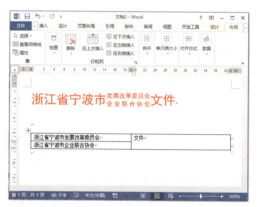

步骤 05 查看效果。设置完成后,返回文档中,即可查看设置双行合一后的效果。

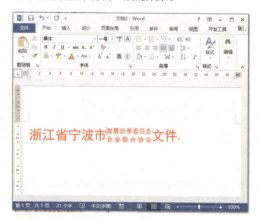

步骤 03 设置文本格式。选中表格文本,对其文本的颜色、字体、字号和对齐方式等进行设置。

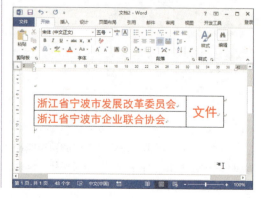

除了使用"双行合一"功能操作外,用户还可以在表格中插入表格后,使用"合并单元格"的方法进行操作,其操作如下:

步骤 04 隐藏表格线框。全选表格，在"表格工具-设计"选项卡中，单击"边框"选项组中的"边框"下拉按钮，选择"无框线"选项，即可隐藏表格线框线。

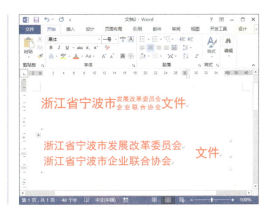

4.2 制作公司员工工作证

当需要制作工作证、会员证之类的证件时，很多人都会认为需要使用专业的绘图软件来制作。其实不然，灵活地使用Word 2013中的"形状""图片""文本框"以及"艺术字"等功能，也能够制作出漂亮的证件来。下面将以制作公司员工工作证为例，来介绍其具体操作。

4.2.1 设计工作证版面

一般工作证是由公司名称、员工资料以及照片三大元素组成。而制作时，需要对这些元素进行合理地安排。

1 设置工作证页面尺寸

工作证的标准尺寸为：5.4cm×8.55cm，当然也有稍大尺寸的，用户可根据公司的实际需要来制作。

步骤 01 设置页边距。启动Word软件，新建空白文档。打开"页面设置"对话框，将页边距都设为0.5。

步骤 02 设置纸张大小。在"页面设置"对话框中，单击"纸张"选项卡，将"纸张大小"设为"自定义"，将"宽度"设为5.4，将"高度"设为8.55。

> **操作提示**
>
> **使用模板创建文档**
> 单击"文件"标签，选择"新建"选项，在"可用模板"中，选择"我的模板"选项，在打开的对话框中，选择所需模板，单击"确定"按钮即可。

步骤03 查看设置效果。单击"确定"按钮，关闭对话框，查看设置效果。

2 添加图片效果

在工作证中适当添加一些图片，可让工作证看上去更美观。

步骤01 绘制矩形形状。单击"形状"下拉按钮，选择"矩形"选项，在文档底部绘制矩形。

步骤02 选择图片。在"绘图工具-格式"选项卡中，单击"形状填充"下拉按钮，选择"图片"选项，在打开的"插入图片"对话框中，选择所需的图片。

步骤03 插入图片。单击"插入"按钮，即可将所选的图片填充至矩形中。

步骤04 设置矩形轮廓。单击"形状轮廓"下拉按钮，选择"无轮廓"选项，删除矩形轮廓线。

步骤05 调整矩形大小。选中矩形形状，将光标放在控制点上，拖动鼠标调整矩形大小。

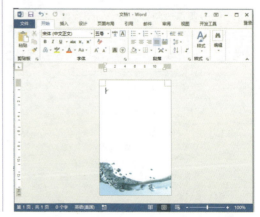

步骤 06 设置图片透明度。选择矩形,在"设置形状格式"窗格中,设置图片的透明度。

步骤 07 查看效果。设置完成后,单击"关闭"按钮,查看设置透明度后的效果。

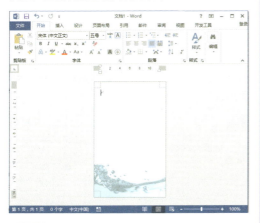

步骤 08 绘制矩形。再次单击"形状"按钮,选择"矩形"选项,在页面页首,同样绘制矩形。

步骤 09 设置矩形样式。单击"形状填充"下拉按钮,更改矩形的填充颜色,并将"形状轮廓"设为"无轮廓"选项。

步骤 10 绘制圆形形状。单击"形状"按钮,选择"椭圆形"选项,按住Shift键,绘制正圆形状。

步骤 11 填充图片。单击"形状填充"下拉按钮,选择"图片"选项,选择图片并进行填充。

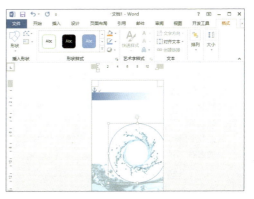

步骤12 设置图片格式。将圆形形状的边框设为"无边框",其后选中图片单击鼠标右键,选择"设置形状格式"命令,在打开的窗格中设置图片透明度。

步骤13 调整图片大小和位置。选中图片,使用鼠标拖拽的方法,调整图片大小和位置。

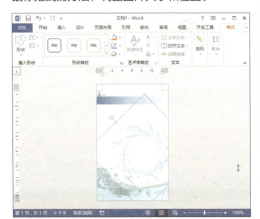

操作提示

文档的组成

一般来说,一个大型的文档由文前、正文、文后三个组成部分构成。

其中,在正文之前的内容称为文前,主要包括扉页、题献、序言、目录、前言、致谢等部分,用于对正文进行说明和概述。

正文是指第1章、第2章等文档中正式、主要的内容,这是整个文档的核心。

文后是指附录、索引等对正文内容的参考书籍和文献进行说明的内容。

3 输入证件内容

证件背景设置好后,接下来就可以输入证件的具体内容了。

步骤01 输入公司名称。在文档光标位置,输入公司名称,并对其文本格式进行设置。

步骤02 设置文本底纹。选中矩形形状,单击"绘图工具-格式"选项卡,在"排列"选项组中,单击"自动换行"下拉按钮,选择"衬于文字下方"选项。

步骤03 查看效果。选择完成后,即可查看排列效果。

步骤04 插入艺术字。单击"艺术字"下拉按钮,选择好字体样式,在"绘图工具-格式"选项卡的"文本"选项组中,单击"文字方向"下拉按钮,选择"垂直"选项,输入艺术字内容,并调整其位置。

步骤05 插入文本框。单击"插入"选项卡，在"文本"选项组中，单击"文本框"下拉按钮，选择满意的文本框样式。

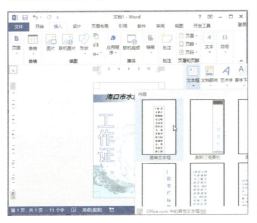

步骤06 输入文本内容。将文本框放置在文档中的合适位置，输入证件内容。

步骤07 设置文本格式。选中所需文本内容，设置好其字体、字号、字形格式。

步骤08 绘制下划线。在"字体"选项组中，单击"下划线"按钮，按空格键，绘制下划线。

步骤09 设置文本框样式。选中文本框，将其边框设置为"无线条"，填充设置为"无填充"。

步骤 10 绘制矩形形状。单击"插入"选项卡，单击"形状"下拉按钮，选择"矩形"选项，绘制矩形，并将其放置在文档中的合适位置。

步骤 02 输入表格信息。在表格中输入相关员工信息，这里的"照片"一列，需输入照片在电脑中的存放路径。

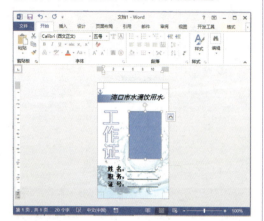

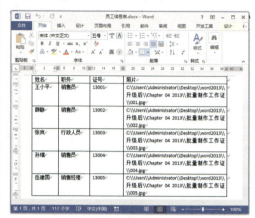

步骤 11 设置形状样式。将矩形填充为白色，将矩形线框设置为虚线，并选择好虚线样式。

2 使用合并域功能生成

数据源文件创建好后，即可启用"邮件"功能批量制作工作证了，方法如下：

步骤 01 自定义功能区。单击"文件"标签，选择"选项"选项，在打开的"Word选项"对话框中，选择"自定义功能区"选项。

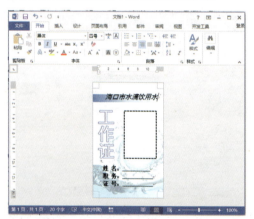

4.2.2 批量生成工作证

批量制作工作证可提高一定的工作效率，下面将介绍使用邮件合并功能批量制作工作证的操作方法。

1 创建数据源文件

在使用邮件合并功能前，需做好一切准备工作，例如创建表格数据文件等。

步骤 01 创建表格。启动 Word 并新建空白文档，单击"插入"选项卡下的"表格"下拉按钮，根据需要插入表格。

步骤 02 加载"邮件"功能。在右侧"自定义功能区"选项列表中，勾选"邮件"复选框，单击"确定"按钮。

步骤 03 完成添加。设置完成后，即可看到"邮件"选项卡已显示在功能区中了。

步骤 04 导入表格数据。单击"邮件"选项卡，在"开始邮件合并"选项组中，单击"选择收件人"下拉按钮，选择"使用现有列表"选项。

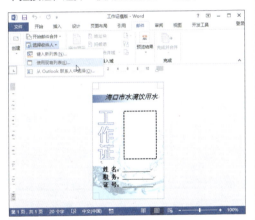

步骤 05 选择数据源。在打开的"选取数据源"对话框中，选择表格文件，单击"打开"按钮。

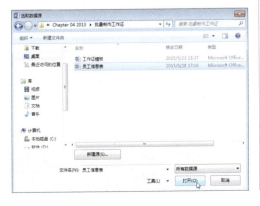

步骤 06 插入合并域。将光标定位至"姓名"文本后，单击"插入合并域"下拉按钮，选择"姓名"选项。

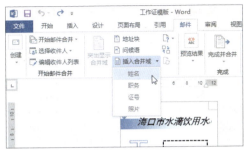

步骤 07 显示相关域。选择完成后，在"姓名"文本后即可显示相关域名。

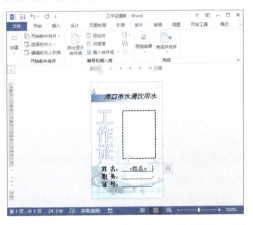

步骤 08 插入合并其他域。按照同样的操作，插入"职务""证号"域名。

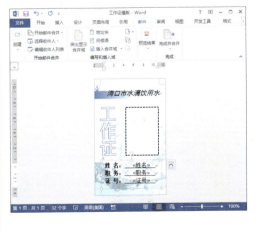

步骤 09 定位光标。选择照片矩形框,单击鼠标右键,选择"添加文字"命令,此时光标已定位在矩形框中。

> **操作提示**
>
> **应用新数据列表**
>
> 　　在进行合并域操作时,通常需要导入数据源文件,而在导入数据表时,若不应用现有的数据文件,可在"选择收件人"下拉列表中选择"键入新列表"选项,在打开的对话框中输入新数据即可。若在Outlook软件中已有相关联系人数据,直接导入其联系人即可。

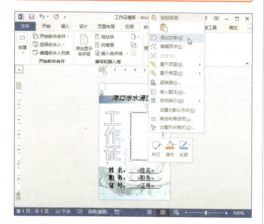

步骤 10 设置字体颜色。选中光标,在"开始"选项卡下的"字体"选项组中,将"字体颜色"设为"黑色"。

步骤 11 插入域。单击"插入"选项卡,在"文本"选项组中,单击"文档部件"下拉按钮,选择"域"选项。

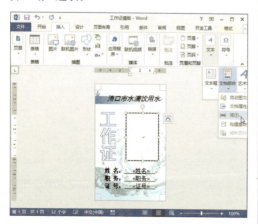

步骤 12 选择域类型。在"域"对话框中,将"域名"设为IncludePicture选项,并在"域属性"文本框中,输入任意文本,这里输入123。

步骤 13 显示域信息。选中图片域,按Alt+F9组合键,显示域信息,此时选中123。

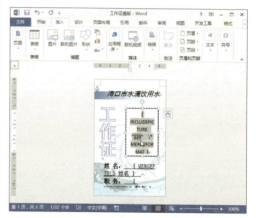

步骤 14 插入合并域。单击"邮件"选项卡的"插入合并域"下拉按钮,选择"照片"选项,此时在该域名中即可添加域。

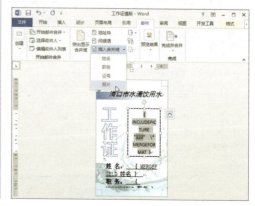

步骤 15 显示照片。插入完毕后，再次按Alt+F9组合键，即可显示相关照片。若不显示，按F9键进行刷新。

操作提示

批量制作工作证需注意
1.在批量显示员工照片时，如都显示同一张照片，此时只需选中其中任意一张，按F9键刷新即可。
2.在建立员工信息表格时，照片的存放位置应与表格中照片的路径相同，否则系统将无法链接至相关的照片信息上。

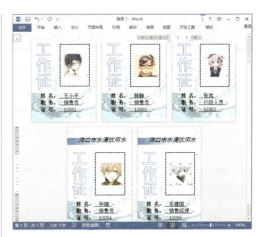

步骤 16 完成并合并。设置完成后，单击"邮件"选项卡，在"完成"选项组中，单击"完成并合并"下拉按钮，选择"编辑单个文档"选项，打开"合并到新文档"对话框，单击"确定"按钮。

步骤 17 完成操作。这时系统自动新建一个文档。在该文档中，即可显示所有员工的工作证显示效果。

高手妙招

打印文档背景

为了文档的美观性，用户会在文档的背景上填充漂亮的颜色或图片，但是默认情况下，文档的背景是无法打印出来的。其实，用户只需简单的设置，即可将文档背景打印出来。

步骤 01 打开文档，执行"文件 > 选项"命令，打开"Word 选项"对话框，选择"显示"选项。

步骤 02 勾选"打印选项"下"打印背景色和图像"选项，单击"确定"按钮，然后执行"文件 > 打印 > 打印"命令进行打印即可。

综合案例 | 制作电子调查问卷

调查问卷是以问题的形式，系统地记载调查内容的一种文件，可以是表格式、卡片式或簿记式显示。下面将以制作一份电子问卷为例，来介绍该问卷的制作方法。其中涉及的操作命令有：文本格式的设置、表格的插入与设置以及控件的插入与设置等。

1 制作单选题

调查问卷显示类型有多种，下面介绍问卷单选题的制作方法。

步骤 01 设置纸张方向。启动 Word 2013 软件，新建空白文档，单击"页面布局"选项卡的"纸张方向"下拉按钮，选择"横向"选项。

步骤 02 设置页面边距。单击"页面设置"选项组的对话框启动器按钮，打开"页面设置"对话框，在"页边距"选项卡中，将边距值都设为 2。

步骤 03 输入问卷标题。在文档光标处，输入问卷标题文本。

步骤 04 输入标题引言内容。按 Enter 键，另起一行，输入标题引言文本内容。

步骤 05 设置标题及引言格式。选中标题文本，在"字体"选项组中，将"字体"设为"黑体"，将"字号"设为"小二"。其后将引言"字体"设为"幼圆"。

操作提示

分页符与分节符的区别
分页符只是分页，在文档某一段落处强行分页，但文档内容仍为同一节；而分节符是分节，可以同一页中进行分节，若在某一页末尾处插入分节符，则可实现分页效果。

步骤06 设置段落格式。选中引言段落，将其设置为"首行缩进"，"缩进值"为2，然后将标题设置为"居中"显示。

步骤07 插入分隔符。将光标放置在引言末尾处，单击"页面布局"选项卡的"分隔符"下拉按钮，选择"连续"选项。

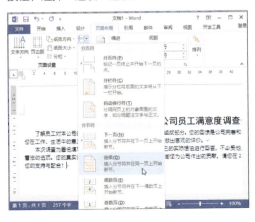

步骤08 打开"分栏"对话框。单击"页面布局"选项卡，在"页面设置"选项组中，单击"分栏"下拉按钮，选择"更多分栏"选项。

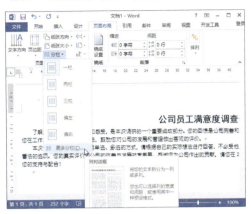

步骤09 设置分栏。在"分栏"对话框中，选择"两栏"选项，并勾选"分隔线"复选框，单击"确定"按钮，完成分栏操作。

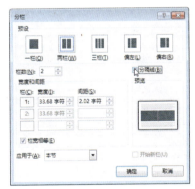

步骤10 输入问卷题目内容。在光标处输入问卷题目内容。

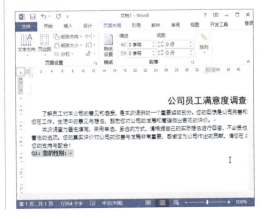

步骤 11 插入控件。将光标放置在标题内容后，单击"开发工具"选项卡，在"控件"选项组中，单击"下拉列表内容控件"按钮。

步骤 12 设置控件属性。选中插入的控件，单击"设计模式"按钮，其后单击鼠标右键，选择"属性"命令。

步骤 13 添加属性。在"内容控件属性"对话框中，在"标题"文本框中输入"选择男或女"文本，在"下拉列表属性"选项区域中，单击"添加"按钮。

> **操作提示**
>
> **Word 2013内容控件的新增功能**
> 在Word 2013中，内容控件进行了三个重要的改进：可视化的改进、支持格式文本内容控件的XML映射以及适用于重复内容的新内容控件。

步骤 14 输入属性内容。在"添加选项"对话框中，输入"男"，单击"确定"按钮。

步骤 15 查看效果。在返回的对话框中，用户即可查看到添加的属性选项。

步骤 16 设置其他选项属性。按照同样的操作，添加"女"选项，单击"确定"按钮。

步骤17 完成设置。单击"设计模式"按钮，关闭该功能，其后单击该控件后的下拉按钮，即可显示添加的属性选项。

步骤18 输入问卷题目。另起一行，输入问卷的第二个题目。

步骤19 插入下拉列表控件。按照相同的操作方法，插入相关下拉列表控件。

步骤20 输入题目内容。另起一行，输入相应的问题题目内容。

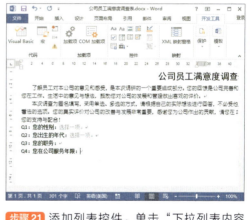

步骤21 添加列表控件。单击"下拉列表内容控件"下拉按钮，在输入的题目后，添加列表内容控件。

步骤 22 输入题目内容。按下Enter键，另起一行，在光标处输入下一题目内容。

步骤 23 插入表格。另起一行，在"插入"选项卡中，单击"表格"下拉按钮，插入2行5列表格。

步骤 24 输入表格内容。将光标放置在表格单元格内，输入表格内容。

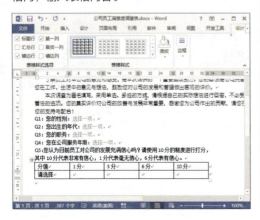

步骤 25 插入选项按钮控件。将光标定位在第2列第2单元格内，在"开发工具"选项卡的"控件"选项组中，单击"旧式工具"下拉按钮，在下拉列表中单击"选项按钮"控件。

步骤 26 查看结果。选择好后，在该单元格中，即可显示该控件的按钮图标。

步骤 27 输入按钮内容。选中该按钮，在"控件"选项组中，单击"属性"按钮，在"属性"对话框中，选择Caption选项，在右侧文本框中，输入选项内容，选择GroupName选项后，输入1。

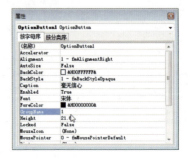

步骤28 查看结果。输入完成后,关闭"属性"对话框返回文档中,即可完成选项按钮控件属性的设置操作。

> **高手妙招**
>
> **设置控件文本字体格式**
> 若想对插入的选项控件文本格式进行设置,可在"属性"对话框中,单击 Font 选项,其后单击文本框后的 按钮,在打开的"字体"对话框中,根据需要对控件文本的字体、字形、字号以及颜色进行设置,单击"确定"按钮,并关闭"属性"对话框即可完成设置操作。

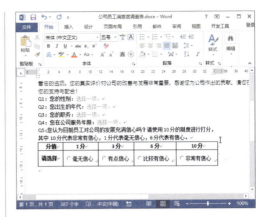

步骤29 制作其他选项按钮控件。按照同样的操作,制作表格其他选项按钮控件。

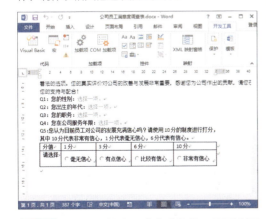

步骤30 调整表格格式。选中该表格,设置合适的表格文本字体格式。

步骤31 添加表格底纹。选中表格表头单元格,单击"表格工具-设计"选项卡下"边框"选项组的对话框启动器按钮,打开其对话框,在"底纹"选项卡中,设置底纹颜色。

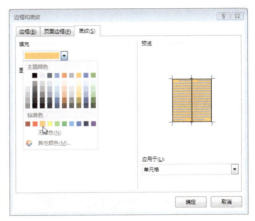

步骤32 查看结果。选择后,单击"确定"按钮,完成底纹颜色的添加。

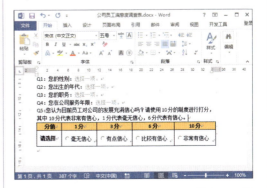

步骤33 输入题目内容。另起一行,输入下一题题目内容。

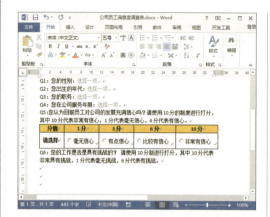

步骤34 复制表格。选中上一个制作好的表格，单击鼠标右键，选择"复制"命令。

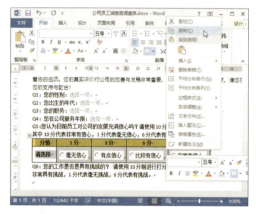

步骤35 粘贴表格。选择需要粘贴表格的位置，单击鼠标右键，选择"保留源格式"选项，粘贴表格。

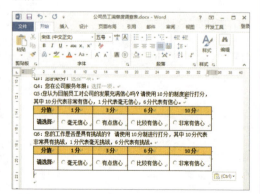

步骤36 修改选项按钮控件内容。选中要修改的选项控件内容，单击鼠标右键，选择"属性"命令。

步骤37 设置控件属性。在"属性"对话框的Caption选项后面的文框中，输入新内容，并在GroupName选项后面的文框中，输入2。

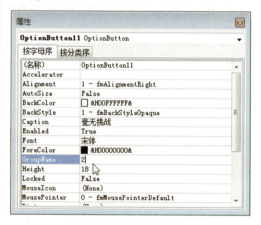

步骤38 修改其他控件属性。按照同样的操作方法，将该表格其他3个控件属性进行更改，其中GroupName都设为2。

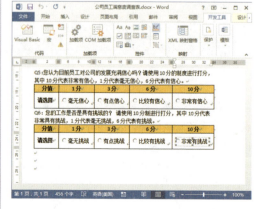

步骤39 完成其他表格问卷。按照以上操作方法，完成其他几题表格问卷的制作，其中控件属性GroupName设置选项，随着表格问卷顺序而更改，例如第3题，其GroupName设为3。

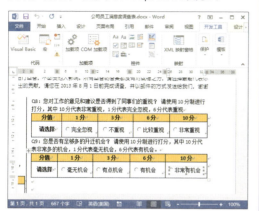

步骤02 插入选项按钮控件。在"控件"选项组中，单击"选项按钮"控件按钮，插入控件。

> **操作提示**
> **设置GroupName需注意**
> 在进行单选GroupName控件属性设置时，每一题的GroupName数值都不一样。例如第1题所有控件的GroupName值为1，第2题所有控件GroupName值为2，第3题所有GroupName值为3，依次类推，第n题其GroupName值为n。

2 制作多选题

有些问题的答案不止一个，而是2个或多个。这样一来，在问卷中则需以多选题的方式来体现。

步骤01 输入多选题问题内容。另起一行，输入多选题题目内容。

步骤03 设置控件属性。单击"控制"选项组中的"控件属性"按钮，打开"属性"对话框，在Caption选项后，输入选项内容，其后在GroupName选项后，输入8。

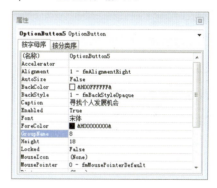

步骤04 插入第2个控件。单击"选项按钮"控件按钮，插入第2个选项控件，在"属性"对话框中，输入选项内容，并将GroupName设为9。

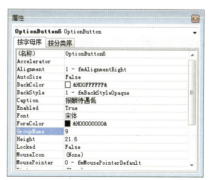

步骤 05 插入第3个控件。按照同样方法，插入第3个选项控件，并设置好选项内容，将GroupName设为10。

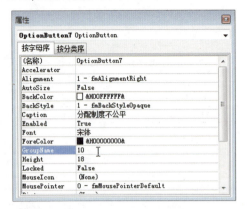

步骤 06 插入第4个控件。插入第4个控件，设置好选项内容，将GroupName设为10。

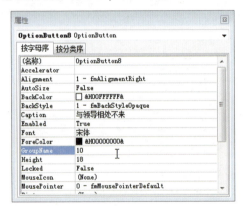

步骤 07 插入最后1个控件。单击"选项按钮"控件按钮，插入该题最后1个选项控件，并设置好控件内容，同样将GroupName设为10。

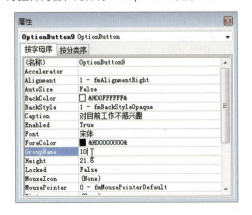

步骤 08 查看设置效果。设置完成后，关闭"属性"对话框，则可查看多选题效果。

步骤 09 制作其他多选题。按照相同的方法，设置好GroupName参数值，制作问卷其他的多选题。

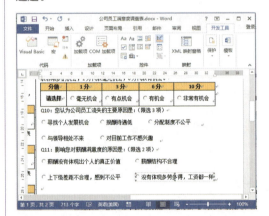

操作提示

多选题GroupName参数设置

在对多选题GroupName参数进行设置时，需注意，若多选题有限选数值，则第1个控件的GroupName值为"第n题数+限选数"；而第2个控件GroupName数值为"第n题数+限选数+1"，第3个控件的数值为"第n题数+限选数+2"，依次类推。当设置的控件数满足于限选数，之后的所有选项控件的数值则与之相同。

步骤 10 输入复选题内容。在光标处，输入下一个复选题题目内容。

步骤11 插入复选框控件。在"开发工具"选项卡的"控件"选项组中,单击"旧式工具"下拉按钮,选择"复选框"控件选项。

步骤12 设置控件属性。选择复选框控件,单击鼠标右键,选择"属性"命令,在"属性"对话框中的Caption后,输入选项内容。

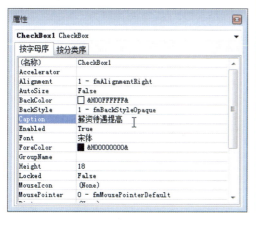

步骤13 查看结果。输入完成后,关闭该对话框,完成复选框控件的插入操作。

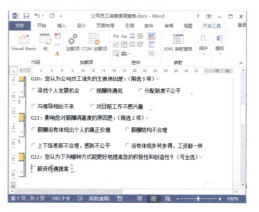

步骤14 插入其他复选框控件。按照同样的操作,完成该题其他复选框控件的插入操作,其后单击"设计模式"按钮,恢复正常模式。

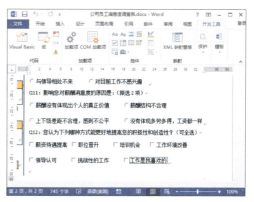

步骤15 设置题目文本格式。将问卷所有选择题题目文本都设为加粗效果。

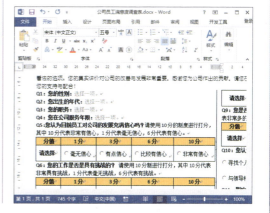

3 插入页码

当文档分栏后，如果想要对每栏添加相应的页码，可通过以下方法进行操作：

步骤01 插入空白页脚。在"插入"选项卡，单击"页脚"下拉按钮，选择"空白"页脚选项。

步骤02 调整页脚位置。删除页脚内容，然后按空格键，将页脚移至左栏中间位置。

步骤03 插入域。连续按两次Ctrl+F9组合键，此时在光标处即可显示两对大括号。

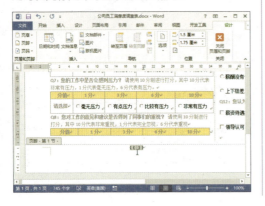

步骤04 编辑域内容。将输入法切换至英文状态，在大括号中，输入"{={page}*2-1}"字符，该字符中间不能有空格。

步骤05 添加文本内容。在该域前输入"第"，并在该域后输入"栏"。

步骤06 设置右栏页码数。在右栏插入空白页脚后，按空格键，将光标移至文档右栏中间位置，并按两次Ctrl+F9组合键，插入域，并输入"第{={page}*2} 栏"字符内容。

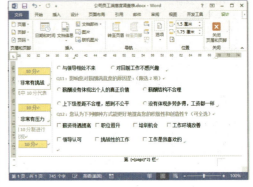

步骤 07 更新域。输入后，选中左栏域内容，单击鼠标右键，选择"更新域"命令。

步骤 08 完成页码设置操作。这时可以看到，在该栏下方显示了页码。

步骤 09 更新右栏域。选中右栏域内容，单击鼠标右键，选择"更新域"命令，完成分栏页码的添加。

4 保护问卷文档

如果不想他人随意更改问卷内容，可使用"保护文档"功能，对问卷文档进行保护操作，其具体操作方法如下：

步骤 01 打开限制编辑窗格。单击"审阅"选项卡，在"保护"选项组中，单击"限制格式和编辑"按钮，打开"限制编辑"窗格。

步骤 02 设置限制类型。勾选"仅允许在文档中进行此类型的编辑"复选框，并选择"填写窗体"选项。

步骤 03 输入密码。单击"是，启动强制保护"按钮，打开相应对话框，输入保护密码。

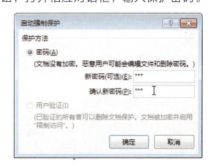

步骤 04 完成保护操作。单击"确定"按钮，完成文档的保护操作。

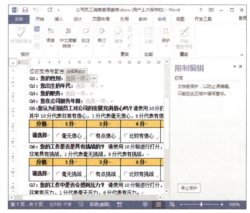

步骤 05 查看效果。将该问卷进行保存操作，当再次打开该文件时，功能区中的所有命令都为灰色不可用状态，并且无法选择（除选项窗体）外的文本内容。

129

Chapter 5

使用Excel制作普通工作表

Excel软件是一款优秀的数据处理软件,它也是Office办公软件中的一款核心组件。在日常工作中,人们经常使用Excel软件对一些庞大而复杂的数据信息进行分析和处理。本章将向用户介绍Excel 2013软件的基本操作,其中包括数据内容的输入与编辑、表格的美化及表格的打印操作。

本章所涉及的知识要点:

◆ 表格的创建与设置　　◆ 表格的打印

◆ 表格样式的设置　　　◆ 表格内容的保护

◆ 超链接的创建

本章内容预览:

员工信息一览表

员工档案信息表

员工通讯录

5.1 制作员工能力考核表

为了提高员工的工作能力，对员工的工作能力进行综合的评价，公司时常要对员工进行能力考核。作为一名行政人员，制作各种考核表是经常能够遇到的。下面将以制作员工能力考核表为例，来介绍Excel工作表的创建与表格设置等操作。

5.1.1 创建表格内容

双击Excel桌面快捷图标，则可新建一个工作簿。在Excel中，一个工作簿可包含255张工作表，用户可在工作表中创建表格内容。下面介绍创建工作表的具体操作方法。

1 新建Excel工作表

在工作过程中，用户可以根据需要新建工作表，下面介绍具体操作方法。

步骤01 打开"新建"选项面板。启动Excel软件后，单击"文件"标签，选择"新建"选项，在右侧的选项面板中选择要创建的工作表。

步骤02 新建工作簿。单击"空白工作簿"选项，完成工作簿的创建操作。

2 工作表的基本操作

一张工作簿中含有多张工作表，为了区分工作表，用户可对工作表进行命名操作，其方法如下：

步骤01 选中工作表标签。在当前工作簿中，双击表格左下角工作表标签，将其设为可编辑状态。

步骤02 输入标签名称。在标签处输入该工作表名称，单击表格任意空白处，即可完成工作表名称的更改操作。

步骤03 插入新工作表。若当前工作表不够用，可单击工作表标签右侧的"新工作表"按钮，即可插入一张新的工作表。

步骤04 删除工作表。若想删除多余的工作表，可选中所需工作表标签，单击鼠标右键，选择"删除"命令，即可删除该工作表。

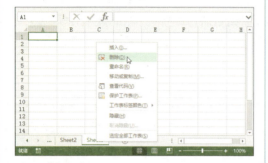

操作提示
输入以0为首的数据内容 在默认状态下，输入以0为首的数据时，0都会被隐藏。若想将其显示，只需将单元格的格式更改为"文本"即可。用户可在功能区中，单击"数字格式"下拉按钮，选择"文本"选项；也可在"设置单元格格式"对话框中，单击"数字"选项卡，并在"分类"列表中，选择"文本"选项，更改单元格的格式。

3 输入工作表内容

工作表创建好后，即可根据需要，在该表格中输入所需的内容。

步骤01 在单元格中输入文本。单击工作表A1单元格，此时该单元格已被选中，在此输入文本内容。

步骤02 输入表头内容。将光标定位置A2单元格，根据需要，输入相关内容。

步骤03 输入一列表格数据。A2单元格内容输入完成后，按Enter键，此时系统将自动选中A2单元格下方的A3单元格，继续输入表格数据。

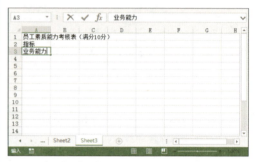

步骤04 输入一行表格数据。当A2单元格内容输入完成后，按键盘上的"→"方向键，即可选中B2单元格，并输入相应的内容。

步骤05 选择符号。将光标定位至所需单元格，单击"插入"选项卡，在"符号"选项组中，单击"符号"按钮，打开"符号"对话框。

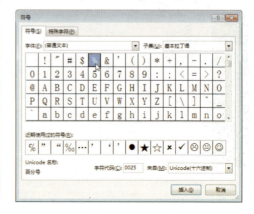

步骤 06 插入符号。选择好所需符号,单击"插入"按钮,即可在单元格中插入该符号。

> **操作提示**
>
> **单元格命名**
> 在工作表中,每个单元格都有自己的名称,例如A1、B1等。该名称是由表格行和列的序号组成。行号是以数字显示,而列号则以英文字母显示。如果选中D列第2单元格,此时在功能区下方的名称框中则会显示"D2"字样。

步骤 07 输入剩余表格内容。然后根据需要,在相应的单元格中输入剩余内容。

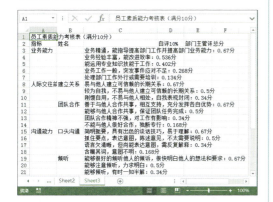

5.1.2 设置表格格式

通常输入完表格内容后,用户需对表格的行高、列宽以及文本的对齐方式等内容进行设置。

1 调整表格行高列宽

为了表格的美观,创建表格后需根据内容要求,对工作表的行高、列宽进行调整设置,其具体操作方法如下:

步骤 01 选择列宽分割线。将光标移动至需调整列宽列的分割线,此时光标将以十字双向箭头显示。

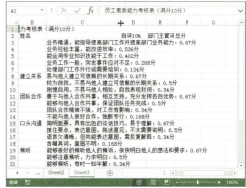

步骤 02 调整列宽。按住鼠标左键不放,拖动光标至满意位置,放开鼠标即可调整列宽。

步骤 03 精确调整列宽。选中需调整列宽的列,单击鼠标右键,选择"列宽"命令。

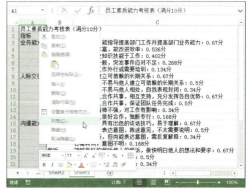

步骤 04 输入列宽值。在"列宽"对话框中,输入所需列宽值,单击"确定"按钮,此时被选中的列宽已发生了变化。

步骤05 选择行分割线。将光标移至需要设置行高的行分割线上，此时光标呈十字上下箭头。

步骤06 调整行高。按住鼠标左键不放，拖动光标上下移动至满意位置，放开鼠标即可调整行高。

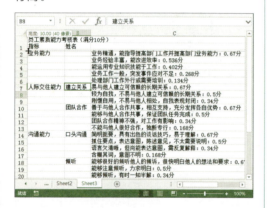

2 合并单元格

用户可根据需要对单元格进行合并或拆分操作，其方法如下：

步骤01 选中多个单元格。单击A1单元格，按住鼠标左键不放，将光标拖拽至F1单元格，放开鼠标即可选中多个单元格。

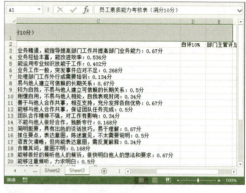

步骤02 应用"合并居中"功能。单击"开始"选项卡，在"对齐方式"选项组中，单击"合并后居中"按钮。

步骤03 完成合并操作。这时可以看到，被选中的多个单元格已合并成一个单元格了，其中的文本也已居中显示。

步骤 04 合并A3：A7单元格区域。选中A3：A7单元格区域，单击"合并后居中"按钮，合并该单元格区域。

步骤 05 合并其他单元格。选中其他要合并的单元格区域，单击"合并后居中"按钮，进行合并操作。

步骤 06 拆分合并的单元格。选中要拆分的单元格，单击"合并后居中"下拉按钮，选择"取消单元格合并"选项，即可拆分该单元格。

3 设置文本对齐方式

在Excel表格中，输入的文本内容，其默认对齐方式为左对齐；而输入的数字内容则默认为右对齐。用户可根据需要将对齐方式进行调整。

步骤 01 打开"设置单元格格式"对话框。选中A2单元格，在"开始"选项卡中，单击"对齐方式"选项组的对话框启动按钮，打开"设置单元格格式"对话框。

步骤 02 设置对齐方式。在"对齐"选项卡中，将"水平对齐"设为"居中"，将"垂直对齐"设为"居中"。

步骤 03 完成操作。设置完成后，单击"确定"按钮，此时A2单元格中的文本居中显示了。

步骤 04 设置其他单元格对齐方式。选中B2单元格，在"开始"选项卡的"对齐方式"选项组中，分别单击"垂直居中"和"居中"按钮。

步骤 05 完成设置。选择完成后，B2单元格中的文本同样可居中显示。

步骤 06 竖直排列文本。选中A3单元格，在"对齐方式"选项组中，单击"方向"下拉按钮，选择"竖排文字"选项。

步骤 07 完成设置。选择完成后，A3单元格中的文本则以竖直方式排列。

高手妙招

设置另类文本排列方式

在"设置单元格格式"对话框中，用户除了可设置一些常规的对齐方式外，还可设置一些另类文本对齐方式。在"方向"选项区域中，根据需要单击文字对齐角度值后，单击"确定"按钮，即可完成相应的设置。

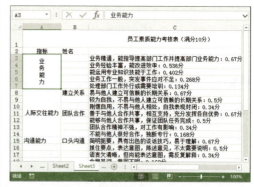

步骤 08 设置其他文本对齐方式。选中其他所需单元格，单击"竖排文字"按钮，对文本排列方式进行设置。

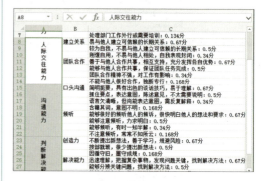

4 设置文本格式

在Excel表格中，用户也可对表格中的文本格式进行设置，其操作如下：

步骤 01 设置字体。选中A1单元格，在"开始"选项卡的"字体"选项组中，单击"字体"下拉按钮，选择所需字体选项。

步骤 02 设置字号。在"字体"选项组中，单击"字号"下拉按钮，选择所需字号选项。

步骤 03 设置表格其他字体格式。同样的操作方法，设置表格其他字体格式。

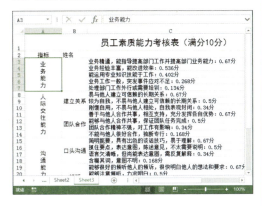

5.1.3 为表格添加边框

表格制作完毕后，需要为表格添加边框线，下面将介绍其操作方法。

步骤 01 打开"设置单元格格式"对话框。使用鼠标拖拽的方法，全选表格内容。单击鼠标右键，选择"设置单元格格式"命令。

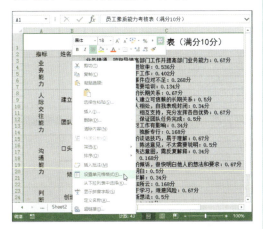

步骤 02 选择外边框样式。在"设置单元格格式"对话框的"边框"选项卡中，选择线条样式。在"预置"选项区域中，单击"外边框"按钮，此时在"边框"预览区域中，查看外边框的预览效果。

步骤 03 选择内框线样式。在"线条"样式选项列表中，选择满意的内框线样式。其后在"预置"选项区域中，单击"内部"按钮，其后在"边框"预览中，即可预览表格内部添加边框线效果。

步骤 04 查看效果。设置完成后，单击"确定"按钮，完成表格边框线的添加操作。

步骤 05 保存文档。单击"文件"标签，选择"另存为"选项，在"另存为"对话框中，设置好保存路径及工作薄名称，单击"保存"按钮即可对当前文档进行保存操作。

5.2 制作员工通讯录

为了能够及时联络到公司内部员工，公司行政人员通常会制作一份员工通讯录。使用Excel相关功能，可轻松制作该表格。下面将以制作员工通讯录为例，来向用户介绍Excel数据填充及数据查找替换等功能的操作。

5.2.1 输入通讯录内容

双击打开"Chapter05实例文件.xlsx"工作薄，并新建工作表，指定所需单元格即可输入内容。

步骤 01 新建工作表。在打开的工作簿中单击工作表标签右侧的"新工作表"按钮，新建工作表Sheet2。

步骤 02 重命名工作表。双击Sheet2工作表标签，或单击鼠标右键，选择"重命名"命令，输入该工作表名称，完成重命名操作。

步骤 03 输入表头内容。选中所需单元格，按键盘上的方向键，输入表头内容。

步骤 04 调整列宽。选中B列，将光标放至该列分割线，使用鼠标拖拽的方法调整该列的列宽。

步骤 05 调整其他列宽。按照同样的操作方法，对E列的列宽进行调整。

步骤 06 输入单元格内容。选中A2和A3单元格，输入序号。

步骤07 选择自动填充角点。使用鼠标拖拽的方法，选中A2：A3单元格，将光标移至单元格右下角自动填充角点上，此时，光标将转换成实心十字光标形状。

步骤08 拖拽鼠标填充数据。按住鼠标左键不放，拖动该角点至A7单元格，此时在光标处即可预览填充的数据信息。

步骤09 完成数据填充操作。放开鼠标，此时系统将自动填充相应的数据内容。

步骤10 填写B2单元格内容。选中B2单元格，在此输入相关内容。

步骤11 复制单元格内容。单击该单元格右下角填充角点，按住鼠标左键不放，拖动该角点至B7单元格。

步骤12 查看结果。放开鼠标，此时被选中的单元格已被复制填充。

步骤13 输入C列内容。将光标定位至C列所需单元格，并在此输入相关内容。

步骤14 设置单元格格式。选中D2单元格，在"开始"选项卡的"数字"选项组中，单击"数字格式"下拉按钮，选择"文本"选项。

步骤15 输入D列内容。在D2单元格中，输入电话号码。

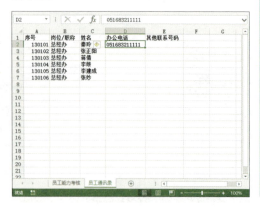

步骤16 输入E列内容。选中E列的单元格，输入相关数据内容。

步骤17 快速填充单元格。选中A5：A6单元格区域，将自动填充角点拖拽至所需单元格，完成该列单元格的快速填充操作。

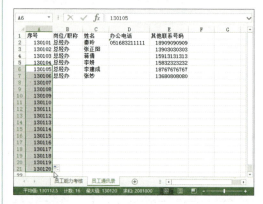

步骤18 输入表格其他内容。按照以上操作方法，完成该表格其他内容的输入操作。

5.2.2 编辑通讯录表格

表格内容输入完成后，有时会对表格进行必要的编辑与调整，例如插入行、列，插入批注，表格的拆分等，下面将介绍具体操作方法。

1 插入行、列

表格内容输入完成后，如果要对内容进行添加，则可使用"插入行或列"功能进行添加，其方法如下：

步骤01 应用"插入行"命令。选中表格首行内容，单击"开始"选项卡中的"单元格"选项组中的"插入"下拉按钮，选择"插入工作表行"选项。

步骤02 查看效果。选择完成后，被选中的行上方已添加一个空白行。

步骤03 输入标题行内容。选中A1单元格，并输入表格标题内容。

> **操作提示**
> **右键命令插入行/列**
> 选中所需行/列，单击鼠标右键，在快捷菜单中，选择"插入"命令，并在"插入"对话框中，选择相应的单选按钮，单击"确定"按钮即可完成插入操作。

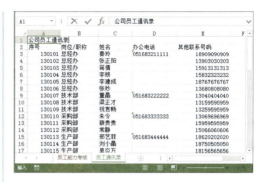

步骤04 插入列。在表格中，选择所需列，在"单元格"选项组中，单击"插入"下拉按钮，选择"插入工作表列"选项。

步骤05 查看效果。此时在被选列左侧插入了一列空白列。

步骤06 快速复制工作表列格式。插入工作表列后，单击"格式刷"按钮，在下拉列表中，选择相应的复制选项，即可将格式应用到被选的列中。

> **高手妙招**
> **快速选择行和列**
> 若想快速选中表格中的某一列或某一行，只需单击所需的列号和行标即可。

步骤07 删除多余行或列。选中需删除的行或列，单击鼠标右键，选择"删除"命令，即可删除该行或列。

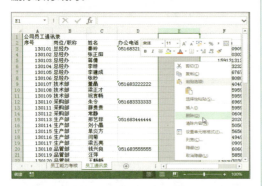

步骤08 清除单元格内容。选中B4：B7单元格区域，在"开始"选项卡中，单击"编辑"选项组中的"清除"下拉按钮，选择"清除内容"选项。

步骤09 查看效果。选择完成后，被选中的单元格内容已被清除。

步骤10 清除其他单元格内容。按照同样的操作方法，对其他多余单元格内容进行清除。

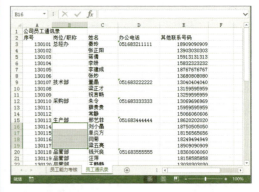

2 插入批注

若想在表格中插入批注内容，可使用"批注"功能进行操作，其方法如下：

步骤01 应用"新建批注"功能。选中需插入批注的单元格，这里选择D3单元格，单击"审阅"选项卡，在"批注"选项组中，单击"新建批注"按钮。

步骤 02 输入批注内容。此时在该单元格右侧即可显示批注文本框,在该文本框中,输入批注内容。

步骤 03 调整批注框大小。将光标移至批注框任意角点上,按住鼠标左键不放,拖动鼠标至满意位置,放开鼠标即可调整其大小。

步骤 04 完成批注的添加操作。批注输入后,单击表格任意处,即可完成添加。此时表格中有批注的单元格,会以红色三角形显示在该单元格右上角处。

步骤 05 显示批注。将光标移至含有批注的单元格内,此时在单元格右侧会显示相关的批注内容。

步骤 06 插入其他批注内容。按照同样的操作方法,为其他单元格添加批注。

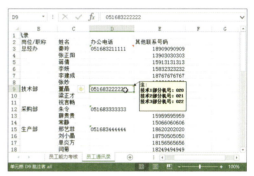

步骤 07 删除批注内容。选中含有批注的单元格,在"审阅"选项卡的"批注"选项组中,单击"删除"按钮,即可删除批注。

3 设置单元格格式

表格内容输入完毕后,需要适当的对其格式进行设置。

步骤 01 合并单元格。选中 A1:E1 单元格区域,单击"开始"选项卡下的"合并后居中"按钮,对标题行进行合并。

143

步骤02 合并其他单元格。选中B3：B8单元格区域，单击"合并后居中"按钮，将其合并。按照同样的操作方法，对其他单元格区域进行合并操作。

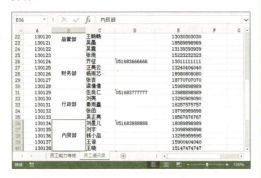

步骤03 设置文本格式。选中表格所需单元格，在"字体"选项组中，设置好文本的字体和字号，其后在"对齐方式"选项组中，对文本对齐方式进行设置。

步骤04 打开"边框"对话框。全选表格内容，单击鼠标右键，选择"设置单元格格式"命令，在打开的"设置单元格格式"对话框中，切换至"边框"选项卡。

步骤05 设置表格外框线。在"样式"列表中，选择满意的外框线样式，在"预置"选项区域中，单击"外边框"按钮。

步骤06 设置内框线。在"样式"列表中，选择内框线样式，并单击"预置"选项区域下的"内部"按钮。

步骤 07 添加表格边框。单击"确定"按钮，此时该表格已经添加了所有的边框线。

4 添加单元格底纹

在 Excel 表格中，用户还可根据需要对单元格添加相应的底纹颜色，使表格外观更为美观。

步骤 01 打开"设置单元格格式"对话框。选中 A2：E2 单元格区域，单击鼠标右键，选择"设置单元格格式"命令，打开相应的对话框，单击"填充"选项卡。

步骤 02 选择填充颜色。在"背景色"选项区域中，选择满意的颜色。

步骤 03 完成设置。选择完成后，单击"确定"按钮，完成单元格底纹的填充。

步骤 04 设置填充效果。选择 A3：A52 单元格区域，打开"设置单元格格式"对话框，在"边框"选项卡中，单击"填充效果"按钮。

步骤 05 设置渐变色。在"填充效果"对话框中，设置"颜色1"和"颜色2"的颜色后，在"底纹样式"选项选项区域中，设置渐变样式。

步骤 06 完成渐变色填充。单击"确定"按钮，返回上一层对话框，再次单击"确定"按钮，完成渐变色底纹填充。

高手妙招

快速填充单元格底纹

选中所需单元格，在"开始"选项卡的"字体"选项组中，单击"填充颜色"下拉按钮，选择满意的颜色即可快速填充。

5.2.3 查找和替换通讯录内容

想要在复杂的表格中，快速查找或替换某一单元格内容，则需使用 Excel 中的"查找"和"替换"功能，下面将介绍其具体操作方法。

1 查找单元格内容

在 Excel 工作表中，使用"查找"功能的具体操作方法如下：

步骤 01 启用"查找"功能。选中表格任意单元格，在"开始"选项卡的"编辑"选项组中，单击"查找和选择"下拉按钮，在下拉列表中选择"查找"选项。

步骤 02 输入查找内容。在打开的"查找和替换"对话框中，单击"查找"选项卡，在"查找内容"文本框中输入查找内容。

步骤 03 显示查找结果。单击"查找全部"按钮，此时系统将自动搜索表格中的内容，并在打开的查找列表中，显示查找结果。

步骤 04 完成查找。在查找列表中，单击所需内容，此时系统将自动在表格中定位相应的单元格。

2 替换单元格内容

在 Excel 工作表中，替换单元格内容的方法如下：

步骤 01 打开"替换"对话框。单击"查找和选择"下拉按钮，选择"替换"选项。

步骤 02 设置替换内容。在"查找和替换"对话框的"替换"选项卡中，在"查找内容"文本框中输入要替换内容，其后在"替换为"文本框中输入新内容。

步骤03 完成替换。设置好后,单击"全部替换"按钮,系统将自动替换所需单元格内容,并显示替换结果,单击"确定"按钮完成操作。

5.2.4 打印员工通讯录

通讯录表格制作完毕后,通常都需将表格进行打印,下面介绍打印Excel工作表的具体操作方法。

步骤01 设置纸张大小。单击"页面布局"选项卡,在"页面设置"选项组中,单击"纸张大小"下拉按钮,选择满意的纸张大小选项,这里为默认A4。

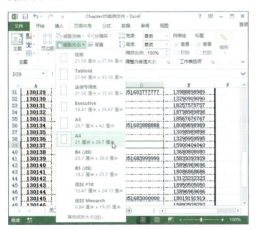

步骤02 设置页边距。单击"页面设置"选项组的对话框启动按钮,在打开的对话框中,单击"页边距"选项卡,将"上""下""左""右"页边距值均设为2,并勾选"水平"和"垂直"复选框。

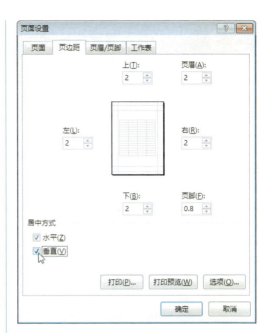

步骤03 查看打印预览效果。在该对话框中,单击"打印预览"按钮,即可对当前工作表进行预览。

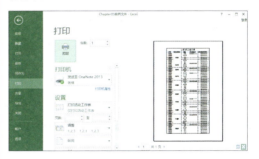

步骤04 打印工作表。在"打印"选项区域中,分别对打印份数、打印机型号等进行设置后,单击"打印"按钮,即可打印该通讯录工作表。

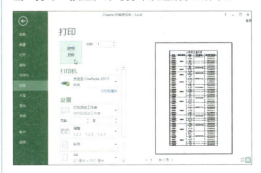

5.3 制作员工档案表

员工档案是记录一个人的学习和工作经历、政治面貌、品德作风等个人情况的文件材料，它起着凭证、依据及参考的作用。下面将以制作员工档案表为例，来介绍表格样式的套用及数据超链接的添加操作。

5.3.1 输入并设置员工基本信息

启动Excel 2013后，新建工作表，选中所需单元格，即可输入表格内容。

1 在不同工作表中复制数据内容

在同一张工作表中，使用"复制"和"粘贴"命令则可复制数据。但想要在不同的工作表中复制数据，可通过以下方法进行操作：

步骤01 选择复制选项。打开"Chapter05实例文件.xlsx"工作簿，选择"员工通讯录"工作表标签，单击鼠标右键，选择"移动或复制"选项。

步骤02 设置相关选项。在"移动或复制工作表"对话框的"下列选定工作表之前"选项下，选择"（移至最后）"选项，并勾选"建立副本"复选框。

步骤03 完成复制。单击"确定"按钮，此时在"员工通讯录"工作表之后，即可显示其副本工作表。

步骤04 更改工作表名称。双击复制的工作表标签，输入"员工档案"文本，进行重命名操作。

步骤05 清除表格格式。在"员工档案"工作表中，选中复制的表格内容，在"开始"选项卡的"编辑"选项组中，单击"清除"下拉按钮，选择"清除格式"选项。

步骤06 查看结果。选择完成后，被选中的表格格式已全部清除。

步骤07 删除标题行。选中表格首行任意单元格，单击鼠标右键，选择"删除"命令。

步骤08 设置删除类型。在"删除"对话框中，选择"整行"单选按钮，然后单击"确定"按钮，删除标题行。

步骤09 删除B列和D列。按照同样的方法，将表格B列和D列数据删除。

高手妙招

选择某个数据区域

有时需在工作表中选择大范围的数据区域，除了使用鼠标拖拽的方法进行选择外，还可单击被选区域中的任意单元格，其后使用Ctrl+Shift+8组合键进行选择。

2 输入表格基本内容

对复制后的表格进行调整后，即可输入表格信息内容。

步骤01 插入列。选中C列，单击"插入工作表列"按钮，在B列后快速插入7个空白列。

步骤02 输入表头内容。选中表头单元格，并输入相应的文本内容。

步骤03 设置数据验证。选中C2：C51单元格区域，单击"数据"选项卡，在"数据工具"选项组中，单击"数据验证"下拉按钮，选择"数据验证"选项。

Chapter 5 使用Excel制作普通工作表

149

步骤 04 设置数据验证。在"数据验证"对话框的"设置"选项卡中，单击"允许"下拉按钮，选择"序列"选项，并在"来源"文本框中，输入相关数据，各数据间用英文半角状态下的逗号进行分隔。

步骤 05 输入提示信息。切换至"输入信息"选项卡，在"标题"和"输入信息"文本框中，输入相关提示内容。

步骤 06 输入出错信息。单击"出错警告"选项卡，单击"样式"下拉按钮，选择"警告"选项，并在"标题"和"错误信息"文本框中，分别输入出错时的提示内容，单击"确定"按钮，返回工作表中。

步骤 07 查看设置效果。单击C2单元格，此时即会出现输入提示。

步骤 08 输入数据内容。单击该单元格右侧下拉按钮，选择合适的选项即可输入。

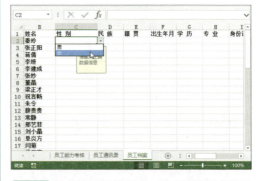

步骤 09 输入该列其他内容。选中该列剩余单元格，并单击右侧下拉按钮，选择满意的选项，即可快速输入该列其他内容。

> **步骤 10** 输入错误信息提示。在输入过程中，如果没有按照设置的信息输入时，系统会打开警告对话框，提示用户输入错误。

> **步骤 11** 输入D列内容。选中D2单元格并输入相关数据内容，然后选中D2单元格，将光标移至右下角，待光标变成十字形状时双击，即可快速将D2单元格内容填充至D52单元格。

高手妙招

使用记忆性键入功能输入数据

在表格中输入大量数据时，可通过记忆性键入功能输入相似或相同的数据。如在单元格中输入相同的数据时，系统会启动记忆性键入功能，自动输入该单元格数据。

> **步骤 12** 选择不连续的多个单元格。在E列中，按住Ctrl键，同时选择该列中其他所需单元格，放开Ctrl键则可选择多个不连续单元格。

> **步骤 13** 同时输入多个相同数据。选择完成后，在编辑栏中，输入所需内容，按下Ctrl+Enter组合键，可同时填充被选单元格。

> **步骤 14** 输入E列其他单元格内容。按照同样的操作方法，完成E列其他内容的输入。

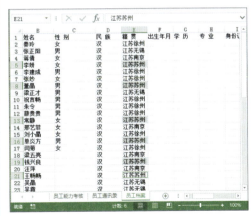

151

步骤15 输入日期数据。选中F2单元格，输入生日日期内容。

步骤16 设置日期格式。选中F2单元格，单击鼠标右键，选择"设置单元格格式"命令，在打开的对话框中选择"数字"选项卡，在"分类"列表中选择"日期"选项，将"类型"设为满意的格式。

步骤17 查看设置结果。设置完成后，单击"确定"按钮，完成日期格式的更改操作。

步骤18 输入剩余日期内容。选中F列其他单元格，并输入日期内容。

步骤19 应用数据验证功能输入G列内容。选中G列所有单元格，单击"数据验证"按钮，设置相关选项，并完成单元格内容的输入。

步骤20 输入表格其他内容。选中表格剩余单元格，输入相关数据信息。

3 设置单元格格式

表格内容输入完毕后，即可对表格格式进行一些必要的编辑设置。

步骤01 设置表格表头内容格式。选中表格首行单元格，在"字体"选项组中，根据需要设置文本的字体、字号、字形等。

步骤02 设置表格正文内容格式。选中表格正文内容，并设置好文本的字体、字号。

步骤03 设置文本对齐方式。全选表格，单击鼠标右键，选择"设置单元格格式"命令，在打开的对话框的"对齐"选项卡中，将"水平对齐"和"垂直对齐"均设为"居中"。

步骤04 设置表格行高和列宽。选择需要设置行高列宽的相关区域，单击鼠标右键，分别选择"行高"和"列宽"命令，在打开的相应的对话框中，对表格行高和列宽值进行设置。

步骤05 设置表格外边框线。全选表格，打开"设置单元格格式"对话框，在"边框"选项卡中，对表格外边框线进行设置。

步骤06 设置表格内框线。在"设置单元格格式"对话框中，对表格内框线进行设置。

步骤 07 应用"冻结首行"功能。单击"视图"选项卡，在"窗口"选项组中，单击"冻结窗格"下拉按钮，选择"冻结首行"选项。

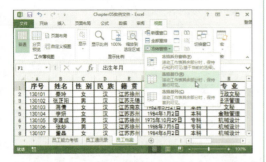

步骤 08 冻结表格表头内容。选择好后，该表格的表头内容已被冻结。当滚动鼠标中键，浏览表格内容时，该表格表头内容始终定位在表格首行位置。

> **操作提示**
> **取消冻结窗格操作**
> 若想取消表格窗格的冻结，可单击"冻结窗格"下拉按钮，选择"取消冻结窗格"选项即可取消。

5.3.2 设置表格样式

在Excel工作表中，系统内置了多种单元格样式，用户可以设置自定义的表格样式，也可套用内置单元格样式。下面将介绍其具体操作。

1 套用单元格样式

使用Excel中的"单元格样式"功能，可将选中的样式套用至表格中，其操作方法如下：

步骤 01 选择单元格样式。选中A1：K1单元格区域，单击"开始"选项卡，在"样式"选项组中，单击"单元格样式"下拉按钮，在样式列表中，选择满意的样式选项。

步骤 02 套用单元格样式。样式选择好后，被选中的单元格区域样式已发生了变化。

2 套用内置表格格式

单击"套用表格格式"按钮，可将满意的表格格式应用至当前表格中，其方法如下：

步骤 01 选择表格格式。全选表格，在"开始"选项卡的"样式"选项组中，单击"套用表格格式"下拉按钮，在格式列表中，选择满意的格式选项。

> **高手妙招**
> **删除自定义表样式**
> 在"样式"选项组中，单击"套用表格格式"下拉按钮，在其样式列表中，选中自定义样式，单击鼠标右键，选择"删除"命令，即可删除自定义表样式。

步骤02 确认表格区域。在"套用表格式"对话框中，用户可以根据需要单击折叠按钮，选择表格的套用区域，这里保持默认选择不变。

步骤03 套用格式。单击"确定"按钮，此时被选中的表格区域已发生了变化。

3 自定义表格样式

在内置的表格样式中，如果没有满意的样式选项，用户可新建样式，并将其应用至表格中，具体操作如下：

步骤01 新建表格样式。在"开始"选项卡的"样式"选项组中，单击"套用表格格式"下拉按钮，选择"新建表格样式"选项。

步骤02 重名命样式。打开"新建表样式"对话框，在"名称"文本框中，重命名样式名称，并在"表元素"列表中选择"标题行"选项。

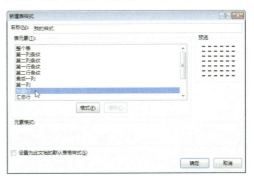

步骤03 设置标题行格式。单击"格式"按钮，在"设置单元格格式"对话框中，单击"填充"选项卡，选择标题行的填充颜色。

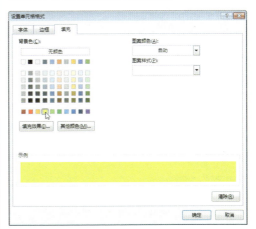

步骤04 选择表元素。单击"确定"按钮，返回上一层对话框，在"表元素"列表中，选择"第一行条纹"选项，并单击"格式"按钮。

步骤 05 设置字体格式。在"设置单元格格式"对话框中,单击"字体"选项卡,在"字形"列表中,单击"倾斜"选项。

步骤 06 设置填充色。单击"填充"选项卡,选择填充颜色,单击"确定"按钮,返回上一层对话框。

步骤 07 套用新建样式。设置完成后,单击"确定"按钮,关闭对话框。再次单击"套用表格格式"下拉按钮,选择"自定义"选项。

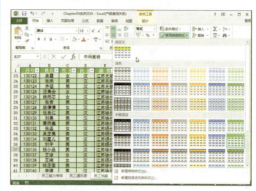

步骤 08 查看效果。选择好后,在"套用表格式"对话框中,选择好表格区域,单击"确定"按钮,即可将该样式套用至当前表格中。

高手妙招

修改新建表样式

若想对新建的表样式进行修改,可在"套用表格格式"下拉列表中,选择新样式选项,单击鼠标右键,选择"修改"命令,在打开的"修改表样式"对话框中进行格式修改即可。

5.3.3 创建超链接

在编辑Excel表格时,如需将某些单元格中的内容进行详解,可进行表格超链接操作,下面将介绍其具体操作方法。

步骤 01 制作链接内容。使用 Excel 的相关功能,制作出表格链接的内容。

步骤02 指定表格链接的内容。在"员工档案"工作表中，指定要链接的表格内容，这里选中A2单元格。

步骤03 启用"超链接"功能。单击"插入"选项卡，在"链接"选项组中，单击"超链接"按钮。

步骤04 设置超链接选项。在"插入超链接"对话框中，选择"现有文件或网页"选项，在"当前文件夹"列表中，选择所需链接选项，这里选择"员工档案明细表"选项。

步骤05 完成链接操作。单击"确定"按钮，完成链接操作。将光标移至A2单元格，此时光标则会变成手指形状。

步骤06 链接操作。单击A2单元格，此时系统会跳转至设置的链接文档。

步骤07 取消链接。在表格中，选择链接单元格，单击鼠标右键，选择"取消超链接"命令，即可取消链接操作。

5.3.4 保护表格内容

用户若不想让他人对表格内容进行更改操作，可对该表格内容进行保护操作。在Excel表格中，可对工作表及工作簿进行保护，下面介绍其具体操作方法。

步骤01 启用"保护工作表"功能。打开所需工作表，单击"审阅"选项卡，在"更改"选项组中，单击"保护工作表"按钮。

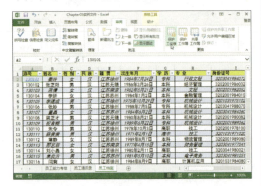

步骤02 工作表保护设置。在"保护工作表"对话框中的"允许此工作表的所有用户进行"列表中，勾选所需的复选框，这里为默认选项，并在"取消工作表保护时使用的密码"文本框中，输入密码123。

步骤03 确认密码。在"确认密码"对话框中，重新输入密码123，并单击"确定"按钮。

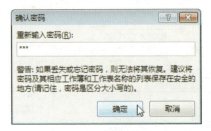

步骤04 完成保护操作。设置完成后，该工作表所在的功能区将不可用，若想更改表格数据内容，则会打开输入密码提示框。

步骤05 撤销工作表保护。若想撤销保护，则在"审阅"选项卡的"更改"选项组中，单击"撤销工作表保护"按钮。

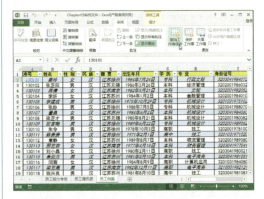

步骤06 输入密码。在"撤销工作表保护"对话框中，输入密码123，单击"确定"按钮，即可完成撤销操作。

高手妙招

使用功能区中的功能保护

单击"审阅"选项卡，在"更改"选项组中，单击"共享工作簿"按钮，在"保护结构和窗口"对话框中，输入保护密码，同样也可保护该工作簿。

操作提示

保护整个工作簿

若想对整个工作簿进行保护，只需单击"文件"标签，在"信息"选项面板中，单击"保护工作簿"下拉按钮，选择"用密码进行加密"选项，其后在打开的"加密文档"对话框中，输入密码，并确认密码，单击"确定"按钮，即可完成该工作簿的保护操作。

Chapter 6

使用Excel函数对数据进行运算

在日常工作中，用户会经常对一些复杂的数据进行运算处理。此时，就需要使用Excel软件中的公式函数功能。Excel软件包含许多不同类别的公式和函数，例如有简单的求和、求平均值、求最大值或最小值以及计数函数；还有复杂的财务函数，文本函数，逻辑函数，三角函数等。本章将介绍Excel基本函数的运用操作。

本章所涉及的知识要点：

- ◆ 求和、平均值函数的应用
- ◆ 最大值、最小值函数的应用
- ◆ 逻辑函数的应用
- ◆ 查找与引用函数的应用
- ◆ 日期与时间函数的应用
- ◆ 工作表的美化操作

本章内容预览：

制作员工培训成绩表

制作员工工资表

制作万年历

6.1 制作员工培训成绩表

在Excel工作表中,不但可以进行数据录入与储存操作,还可以对录入的数据进行运算。下面将以制作员工培训成绩表为例,来介绍如何运用公式与函数功能来对数据进行计算和统计。

6.1.1 使用公式输入数据

有时在进行数据的输入时,可适当运用公式来输入,下面将介绍其操作方法。

1 根据身份证号输入员工性别

身份证号码倒数第二位数字代表着人们的性别,当数字为奇数时,其性别为男;而当数字为偶数时,其性别则为女。下面将通过函数来计算出员工性别。

步骤01 指定结果单元格。打开"员工培训成绩表.xlsx"素材文件,选中C3单元格。

> **操作提示**
>
> **ISODD函数概述**
>
> ISODD 函数主要是测试参数的奇偶性。ISODD 语法表达式为:ISODD(number),其中参数 number 表示需要进行检验的数值,该数值可是具体的数字,也可是指定单元格。当数值为奇数,其函数返回结果为 TRUE,否则返回为 FALSE;当单元格为空白,那么当作 0 检验,函数返回 TRUE;当数值是非数值类型,那么函数将返回错误值 #VALUE!。当 ISODD 函数和 IF 函数结合使用时,还可以提供一种检验公式中错误的方法。

步骤02 插入函数。切换至"公式"选项卡,在"函数库"选项组中,单击"插入函数"按钮,打开"插入函数"对话框。

步骤04 输入函数参数。在"函数参数"对话框中,将Logical_test设为ISODD(MID(F3,17,1)),将Value_if_true设为"男",将Value_if_false设为"女"。

步骤03 选择函数。在"选择函数"列表框中,选中IF函数选项。

步骤 05 完成计算操作。输入完成后，单击"确定"按钮，此时在C3结果单元格中，则可显示计算结果。

> **操作提示**
>
> **引用单元格公式的操作**
>
> 所谓引用，则是引用相应的单元格或单元格区域中的数据，而不是具体的数值。需注意的是，使用引用单元格地址后，当单元格中数据发生变化时，无需更改公式，因为公式会自动根据用户改变后的数据重新进行计算。

步骤 06 填充公式。选中C3：C22单元格区域，在"开始"选项卡的"编辑"选项组中，单击"填充"下拉按钮，选择"向下"选项。

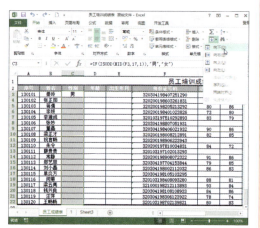

步骤 07 完成其他单元格公式填充。此时C3单元格中的公式已引用至被选单元格中了。

2 根据身份证号输入员工出生年月

身份证号的第7~14位显示的是人们出生年月日，想要将这些数据快速转换成所需日期，可通过MID函数进行操作，其方法如下：

步骤 01 插入"日期与时间"函数。选中E3单元格，在"插入函数"对话框中，将"或选择类别"设为"日期与时间"选项，在"选择函数"列表中，选择DATE选项。

步骤 02 设置函数参数。在"函数参数"对话框中，将Year设为MID（F3，7，4），将Month设为MID（F3，11，2），将Day设为MID（F3，13，2）。

161

步骤03 查看计算结果。单击"确定"按钮，此时在结果单元格中，即可显示计算结果。

步骤04 复制公式。选择E3：E22单元格区域，单击"向下填充"按钮，完成公式复制操作。

步骤05 查看单元格公式。单击计算结果单元格，此时在表格上方公式编辑框中，则可显示该单元格所引用的公式。

步骤06 修改公式。双击需要修改公式单元格，在公式编辑框中，对引用的公式进行修改，按Enter键即可。

3 运用公式输入员工年龄

员工出生年月输入完成后，下面使用相应的日期函数，快速输入员工年龄，具体操作如下：

步骤01 插入日期与时间函数。选中D3结果单元格，在"插入函数"对话框中，将"或选择类别"设为"日期与时间"选项，在"选择函数"设为YEAR。

步骤02 设置函数参数。在Serial_number设为today()。

步骤03 显示当前年份。单击"确定"按钮，此时在D3单元格中则可显示当前年份。

步骤04 在公式栏中输入减号。选中公式编辑栏，并在公式后，输入"-"减号。

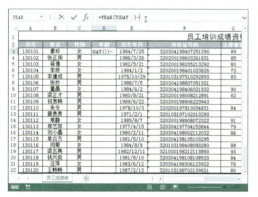

步骤05 再次插入日期与时间函数。再次单击"插入函数"按钮，在打开的函数对话框中，同样插入日期与时间函数，这里还是选择 YEAR 函数。

步骤06 输入函数参数。在"函数参数"对话框中，将Serial_number设为E3。

步骤07 设置数值格式。单击"确定"按钮，然后在"开始"选项卡的"数字"选项组中，单击"数字格式"按钮，选择"文本"选项。

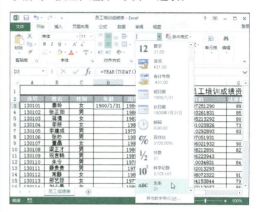

步骤08 完成计算操作。设置完成后，在D3单元格中即可显示员工年龄。

步骤09 复制引用公式。选中D3：D22单元格区域，向下填充公式，将公式复制到D3：D22单元格区域。

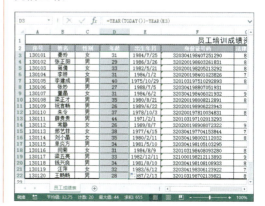

> **高手妙招**
>
> **直接输入公式**
> 用户不仅可以使用"插入函数"对话框插入公式，也可直接在计算结果所在的单元格中输入相关公式。需注意的是，在输入公式前，务必先输入"＝"。

6.1.2 使用基本公式进行计算

在一些统计表格中，经常会遇到对表格数据进行一些简单的运算，例如求和运算、平均值运算等。

❶ 计算平均值

在Excel 2013中平均值的运算有两种方法，下面将分别对其进行介绍。

步骤01 选择平均值函数。选中L3结果单元格，切换至"公式"选项卡，在"函数库"选项组中，单击"自动求和"下拉按钮，选择"平均值"选项。

步骤02 选择引用单元格。此时在L3单元格中，已自动显示平均值公式，选择好单元格区域，这里为默认选择。

步骤03 查看计算结果。按Enter键，此时在L3单元格中已显示计算结果。

步骤04 应用对话框插入函数。选中L4单元格，单击"插入函数"按钮，在"插入函数"对话框中，将"或选择类别"设为"常用函数"选项，在"选择函数"列表中，选择AVERAGE函数选项。

步骤05 单击"确定"按钮。在"函数参数"对话框中，单击Number1右侧折叠按钮。

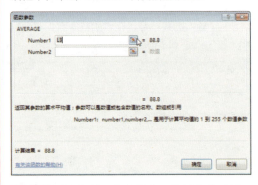

步骤06 选择参数。在表格中，选择参数区域，这里选择 G4：K4 单元格区域。

步骤07 完成计算操作。再次单击Number1折叠按钮，打开"函数参数"对话框，此时在Number1文本框中，已显示了参数区域，单击"确定"按钮即可完成计算。

步骤08 复制公式。选中L4：L22单元格区域，单击"填充"下拉按钮，选择"向下"选项，复制平均值公式至其他单元格内。

2 计算求和值

在Excel 2013中，对数据进行求和的方法与求平均值的方法相似，其方法如下：

步骤01 选择自动求和功能。选中M3单元格，在"公式"选项卡的"函数库"选项组中，单击"自动求和"按钮。

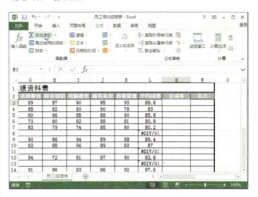

步骤02 选择引用单元格。此时用户需重新选择引用区域，在此选择G3：K3单元格区域。

步骤03 复制公式。按Enter键，其后将求和公式复制到其他单元格中。

步骤04 打开"Excel选项"对话框。单击"文件"标签，选择"选项"选项，打开"Excel选项"对话框。

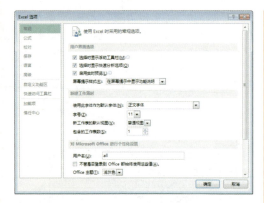

步骤 05 设置相关选项。在左侧列表中，选择"高级"选项，在"此工作表的显示选项"中，取消勾选"在具有零值的单元格显示零"复选框。

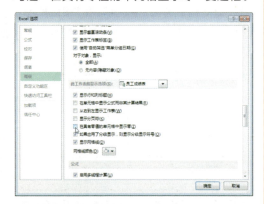

步骤 06 隐藏零数值。选择好后，单击"确定"按钮，此时可以看到该工作表中所有含有零值的单元格，其零值将被隐藏。

3 计算最大值、最小值

想要快速对表格数据中的最大值、最小值进行统计，可使用Excel中的最大值、最小值函数进行操作，其方法如下：

步骤 01 应用最大值函数。选中 J24 单元格，在"公式"选项卡的"函数库"选项组中，单击"自动求和"下拉按钮，选择"最大值"选项。

步骤 02 选择引用单元格。在该工作表中，选择M3：M22单元格区域。

步骤 03 完成计算。按Enter键，此时在J24单元格中即可显示计算结果。

> **操作提示**
>
> **#DIV/0!错误提示**
> 当在结果单元格中，出现#DIV/0!字符时，则表示除数为0，结果无意义。此时则需查看该公式引用单元格数据是否有误。

步骤 04 应用最小值函数。选中 J25 结果单元格，单击"自动求和"下拉按钮，选择"最小值"选项。

步骤 05 选择引用单元格。在工作表中，按 Ctrl 键的同时，选择 M3：M7，M9：M10，M12，M14：M16，M18：M22 单元格区域。

步骤 06 完成计算。选择完成后，按 Enter 键，完成计算操作。

6.1.3 计算名次

如果想要将表格中的数据进行排名，可使用 RANK 函数进行操作，其具体操作如下：

步骤 01 应用 RANK 函数。选中 N3 结果单元格，单击"插入函数"按钮，在打开的对话框中，选择 RANK 函数选项。

步骤 02 设置函数参数。单击"确定"按钮，在"函数参数"对话框中，将 Number 设为 M3，将 Ref 设为 $M$3：$M$22。

步骤 03 完成计算。输入后，单击Enter键，完成计算，其后选中N2：N22单元格区域，并单击"向下"填充按钮，对公式进行复制操作。

6.1.4 统计参加考试的人数

有时对表格中的数据进行统计时，则需使用到统计函数，下面将介绍统计函数的具体应用。

步骤 01 插入COUNTA函数。选中N24结果单元格，在"公式"选项卡的"函数库"选项组中，单击"其他函数"按钮，选择"统计"选项，并在级联菜单中，选择COUNTA函数。

步骤 02 设置函数参数。在"函数参数"对话框中，将Value1设为M3：M22，单击"确定"按钮，在N24单元格中则可显示计算结果。

步骤 03 插入COUNTBLANK函数。选中N25单元格，在"其他函数"列表中，选择"统计"选项，在级联列表中选择COUNTBLANK函数。

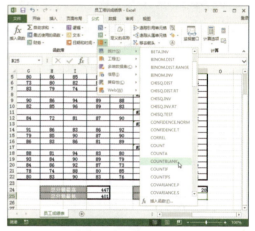

步骤 04 设置函数参数。在打开的对话框中，将Range设为K3：K22。

步骤 05 完成计算。单击"确定"按钮，即可完成计算。

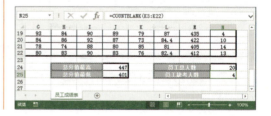

6.2 制作员工工资单

由于每月公司都需统计并向员工发放工资，所以制作工资单是财务人员必做的工作。下面将以制作员工工资单为例，来介绍Excel基本函数及查询系统的应用。本小节涉及的函数有：DATEDIF函数、VLOOKUP函数、IF函数、OFFSET函数等。

6.2.1 设置工资表格式

通常工资表内容录入好后，都需要对表格格式进行必要的调整，其具体操作如下：

1 设置数字格式

在Excel中默认的数字格式为"常规"，用户可根据需要对其格式进行设置。

步骤01 设置数字格式。打开"员工工资表.xlsx"素材文件，选中F3：F22单元格区域，在"开始"选项卡的"数字"选项组中，单击"数字格式"下拉按钮，选择"货币"选项。

步骤02 添加货币符号。选择完成后，被选中的单元格则会添加"￥"货币符号。

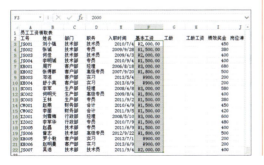

步骤03 设置小数位数。选中F3：F22单元格区域，单击鼠标右键，在快捷菜单中选择"设置单元格格式"命令，在打开的对话框中，将"小数位数"设为0。

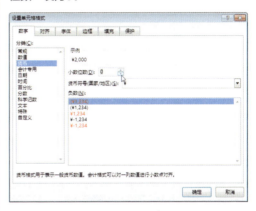

步骤04 完成数字格式设置。单击"确定"按钮，此时被选中单元格数据格式已发生了变化。

步骤05 应用格式刷功能。选中F3：F22单元格区域，在"开始"选项卡的"剪贴板"选项组中，单击"格式刷"按钮。

步骤06 复制数字格式。当光标显示为刷子图形时，选中I3：I22单元格区域，完成该单元格区域单元格格式的复制操作。

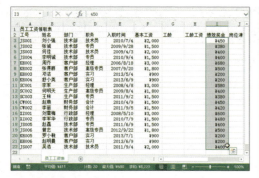

步骤 07 复制其他数字格式。按照同样的操作，将其单元格格式复制到L3：L22单元格区域。

2 设置单元格格式

对单元格格式进行适当的设置，可使表格外观更为美观。

步骤 01 合并标题行。选中A1：O1单元格区域，单击"合并后居中"按钮，将标题行进行合并。

步骤 02 设置标题行文本格式。选中标题内容，在"字体"选项组中，对文本的字体、字号进行设置。

> **操作提示**
>
> **运用嵌套函数**
> 在实际操作中，通常一个公式不会只使用一个函数，多数情况下都包含几个不同的函数，这种函数叫做嵌套函数。嵌套函数是指一个函数作为另一个函数的参数出现。

步骤 03 设置表头行高。选中表格表头行，单击鼠标右键选择"行高"命令，在打开的对话框中，输入行高值。

步骤 04 设置表头内容格式。单击"确定"按钮，完成表头行高的设置。选中表头内容，对内容的字体、字号以及对齐方式进行设置。

步骤 05 设置表格正文格式。选中表格正文内容，对其字体、字号、对齐方式及行高进行设置。

6.2.2 计算员工工资相关数据

表格内容及单元格格式设置完毕后，下面将利用Excel函数来对表格的数据进行计算。

1 计算员工工龄

使用DATEDIF函数可对员工工龄数据进行计算操作，其具体操作方法如下：

步骤 01 输入DATEDIF函数公式。选择G3单元格，在公式编辑栏中，输入公式"=DATEDIF(E3,TODAY(),"Y")"。

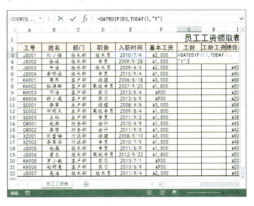

步骤 02 完成计算。按Enter键，完成该工龄值的计算操作。

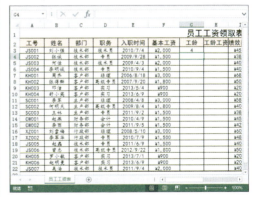

步骤 03 复制单元格公式。选中G3：G22单元格区域，向下填充公式，将该公式复制到其他单元格中。

步骤 06 设置表格边框。全选表格，打开"设置单元格格式"对话框，在"边框"选项卡中，设置好表格的外框线和内框线。

步骤 07 填充表头底纹。选择表头内容，在"设置单元格格式"对话框中，单击"填充"选项卡，并对其底纹颜色进行选择，单击"确定"按钮，完成填充操作。

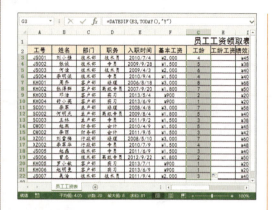

2 计算员工工龄工资

工龄工资又称为年功工资，是企事业单位按照员工的工作年龄、工作经验及劳动贡献的累积给予一定的经济奖励。下面将以工龄在4年以内者，按每年增加50元，工龄在4年以上的按每年增加100元为标准进行计算，其方法如下：

步骤 01 输入函数公式。选中H3单元格，然后输入公式"=IF(G3<4,G3*50,G3*100)"。

步骤 02 完成计算。按Enter键，完成该单元格工龄工资的计算操作。

> **操作提示**
>
> **输入函数公式需注意**
>
> 不是每个函数都需要输入参数，例如TODAY和NOW这两个日期函数就无需输入参数，但在原来参数位置，必须输入"（）"一对括号。当然也有例外，例如TRUE和FALSE则无需输入任何参数，也无需输入括号。

步骤 03 复制公式。选中H3：H22单元格区域，向下填充公式，将该公式复制其他单元格中。

3 计算岗位津贴

岗位津贴是指为了补偿职工在某些特殊劳动条件岗位劳动的额外消耗而建立的津贴。下面将介绍企业岗位津贴的计算。

步骤 01 新建工作表。新建工作表，并将其重命名。

步骤 02 创建津贴标准表。在新工作表中，将"员工工资表"中的"职务"一列内容复制粘贴至当前工作表中。

高手妙招

使用定位法批量删除空行

在"开始"选项卡的"编辑"选项组中，单击"查找和选择"按钮，选择"定位条件"选项，在打开的对话框中，单击"空值"单选按钮，其后单击鼠标右键，选择"删除"命令即可批量删除。

步骤 03 启动删除重复项功能。选中A3：A22单元格区域，切换至"数据"选项卡，在"数据工具"选项组中，单击"删除重复项"按钮。

步骤 06 完成删除操作。在打开的系统提示框中，单击"确定"按钮，完成删除操作。

步骤 07 查看效果。此时被选中的单元格区域已发生了相应的变化。

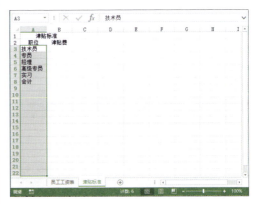

步骤 04 删除重复项。在"删除重复项警告"对话框中，单击"以当前选定区域排序"单选按钮，其后单击"删除重复项"按钮。

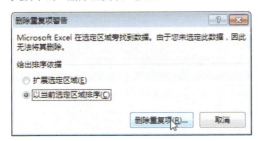

步骤 05 设置相关参数。在"删除重复项"对话框中，单击"确定"按钮。

步骤 08 输入表格内容。在"津贴费"一列中，输入该列相关内容。

173

步骤09 修饰工作表。全选该表格,在"设置单元格格式"对话框中,对该表格的边框及底纹进行设置。

步骤10 选择函数类型。单击"员工工资表"工作表,选中J3单元格,单击"插入函数"按钮,打开相应的对话框,将"或选择类别"设为"查找与引用",将"选择函数"设为VLOOKUP。

步骤11 设置函数参数。在"函数参数"对话框中,将Lookup_value设为D3,将Table_array设为"津贴标准!$A$2:$B$8",将Col_index_num设为2,将Rang_lookup设为false。

操作提示

VLOOKUP函数语法概述

VLOOKUP 函数表达式为:VLOOKUP (lookup_value, table_array, col_index_num, range_lookup)。其中 Lookup_value 为查找值,为需要在数组第一列中查找的数值;table_array 为数组所在的区域;col_index_num 为列序号,即希望区域中查找数值的序列号,当值为1时,返回第1列中的数值,当值为2时,返回第2列中的数值,以此类推;range_lookup 为逻辑值 TRUE 或 FALSE,如果为 TRUE 或省略,则返回近似匹配值,如果为 FALSE,将返回精确匹配值。如果找不到,则返回错误值 #N/A。如果"查找值"为文本时,"逻辑值"一般应为 FALSE。

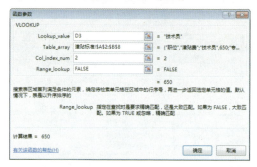

步骤12 复制函数公式。单击"确定"按钮,完成计算操作。选中J3:J22单元格区域,向下填充公式,完成公式的复制操作。

4 计算应付工资

下面将对表格中的"应付工资"数据进行计算,其操作如下:

步骤01 输入公式。单击K3单元格,然后输入公式"=F3+H3+I3+J3"。

> **操作提示**
>
> **绝对引用操作**
> 在复制单元格时一般都使用相对引用方法，如不希望单元格地址变动，则需使用绝对引用，无论公式复制到哪，其单元格地址永远不变。

步骤 02 完成计算。按Enter键，完成计算，选中I3：I22单元格区域，向下填充公式，复制公式至其他单元格中。

5 计算员工实发工资

当表格中所有结构数据组计算完成后，下面则需对员工实际工资进行计算，其操作如下：

步骤 01 输入公式。选中N3单元格，然后输入公式"=K3-L3-M3"。

步骤 02 完成计算。按Enter键，完成计算操作。单击"向下"填充按钮，将该公式复制到其他单元格中。

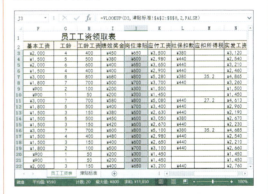

步骤 03 添加货币符号。选中"岗位津贴"列的单元格区域，在"设置单元格格式"对话框的"数字"选项卡中，选择"货币"选项，将"小数位数"设为0，单击"确定"按钮，为该列数据添加货币符号。

步骤 04 为其他单元区域添加货币符号。按照同样的操作方法，为"工龄工资"单元格区域添加货币符号。

6.2.3 制作工资查询表

想要在一些复杂的数据中，快速查找到自己所需的数据，则需使用查找和引用函数进行操作。

1 新建查询工资表

为了能够快速地查找表格中的数据，需重新创建一个查询表格。

步骤 01 新建工资查询表。单击工作表下方的"新工作表"按钮，新建工作表，并对工作表进行重命名。

步骤 02 创建表格内容。在新建的工作表中，输入查询表内容。

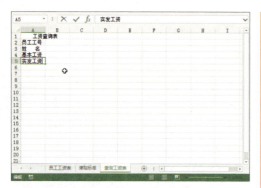

步骤 03 修饰工作表。为工作表添加表格边框，并对表格内容格式进行设置。

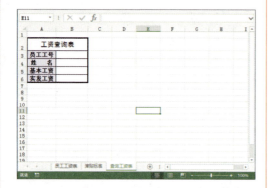

2 插入查找函数

表格创建完成后，接下来即可在表格中插入函数，并对数据进行查询。下面将介绍其具体操作。

步骤 01 打开"数据验证"对话框。在"查询工资表"中，选中B3单元格，切换至"数据"选项卡，在"数据工具"选项组中，单击"数据验证"按钮，打开相应对话框。

步骤 02 设置数据验证。在"数据验证"对话框中，将"允许"设为"序列"选项，将"来源"选择为"员工工资表"中的"工号"列。

> **高手妙招**
>
> **快速导入数据信息**
>
> 在对表格数据验证进行设置时，如果在"来源"文本框中手工输入一些复杂的数据，比较麻烦，其实只需单击"来源"右侧折叠按钮，在表格中选择数据范围，然后再次单击折叠按钮，即可快速导入数据内容。

步骤 03 输入信息内容。单击"输入信息"选项卡，在"标题"文本框中，输入相关信息。

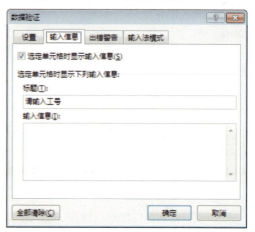

步骤 04 输入出错信息。在"出错警告"选项卡中，输入出错信息内容。

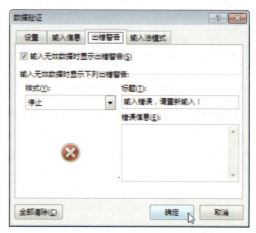

步骤05 完成操作。单击"确定"按钮，关闭对话框，完成数据验证的设置操作。

步骤06 插入函数。选中B4单元格，单击"插入函数"按钮，在"插入函数"对话框中，选择VLOOKUP函数。

步骤07 设置函数参数。在"函数参数"对话框中，将LOOKUP_Value 设为 B3；在 Table_array 文本框中，选择"员工工资表"表格区域；将 Col_index_num 设为2；将 Range_lookup 设为 false。

步骤08 查看结果。单击B3单元格，选择所需工号，此时在B4单元格中，则会显示相关姓名。

步骤09 插入函数。选中B5单元格，单击"插入函数"按钮，选择VLOOKUP函数。

步骤10 设置函数参数。在"函数参数"对话框中，将 LOOKUP_Value 设为 B3；在 Table_array 文本框中，选择"员工工资表"表格区域；将 Col_index_num 设为 6；将 Range_lookup 设为 false。

步骤11 完成设置。单击"确定"按钮，即可在B5单元格中，显示相关数值。

步骤12 插入VLOOKUP函数。选中 B6 单元格，在"插入函数"对话框中，选择 VLOOKUP 函数选项。

步骤 13 设置函数参数值。在"函数参数"对话框中，将 Lookup_Value 设为 B3；在 Table_array 文本框中，选择"员工工资表"表格区域；将 Col_index_num 设为 14；将 Range_lookup 设为 FALSE。

步骤 14 完成设置。设置完成后，单击"确定"按钮，关闭对话框，此时在B6单元格中即可显示相关数据。

步骤 15 验证设置结果。单击B3单元格，并选择好要查找的工号，此时在B4：B6单元格区域中，则可显示相关数据。

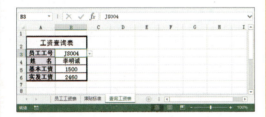

6.2.4　工资表页面设置

工资表数据制作完毕后，可对工资表页面进行设置，下面将介绍其具体操作。

步骤 01 设置纸张方向。打开"员工工资表"工作表，切换至"页面布局"选项卡，在"页面设置"选项组中，单击"纸张方向"下拉按钮，选择"横向"选项。

步骤 02 设置纸张大小。单击"纸张大小"下拉按钮，选择所需的纸张大小，这里选择B4(JIS)选项。

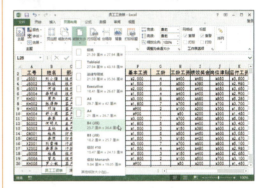

步骤 03 设置页面边距。单击"页面设置"对话框启动按钮，在"页面设置"对话框的"居中方式"选项下，勾选"水平"、"垂直"复选框，并将上、下、左、右页边距设为 2。

步骤 04 自定义页眉。切换至"页眉/页脚"选项卡，单击"自定义页眉"按钮。

高手妙招

在页眉页脚中插入图片

想要在页眉或页脚中添加图片，可在"页眉/页脚"选项卡中，选择页眉或页脚位置，单击"插入图片"按钮，在"插入图片"对话框中，选择满意的图片，单击"插入"按钮，返回对话框，单击"确定"按钮即可完成添加操作。

步骤 05 设置页眉参数。在"页眉"对话框中，单击"右"文本框，并输入页眉相关内容。

步骤 06 设置页眉格式。选中页眉内容，单击"格式文本"按钮，打开"字体"对话框，并对其相关选项进行设置。

步骤 08 完成设置。单击"确定"按钮即可完成"页眉""页脚"的设置操作。

步骤 09 设置打印缩放比例。若需要对打印比例进行设置时，可在"页面布局"选项卡的"调整为合适大小"选项组中，选择"缩放比例"数值框，输入所需比例值即可。

6.2.5 制作并打印工资条

通常每月发放的工资对于员工个人来说是比较隐私的，所以一般工资表统计完毕后，都需要为每位员工制作单独的工资条。下面将介绍工资条制作方法。

1 创建工资条表格

工资条内容与工资表大致相同，用户只需复制工资表表头内容，并进行相关设置即可完成，其操作如下：

步骤 07 设置页脚。单击"确定"按钮，完成页眉的设置。其后单击"页脚"下拉按钮，选择满意页脚内容。

步骤01 新建工作表。单击"新工作表"按钮，插入新工作表，并将其重命名。

步骤02 复制粘贴工资表内容。在"员工工资表"中，选中A2：O2单元格区域，单击"复制"按钮，然后在"工资条"工作表中选中A2单元格并单击鼠标右键，选择"保留源格式"选项完成粘贴操作。

步骤03 添加表格边框。在"工资条"工作表中，选择A2：O3单元格区域，在"设置单元格格式"对话框中，对表格边框进行设置。

2 制作工资条

表格创建好后，用户则可使用OFFSET函数来生成工资条，其操作方法如下：

步骤01 插入函数。在"工资条"工作表中，选中A3单元格，单击"插入函数"按钮，打开相应的对话框，选择OFFSET函数，单击"确定"按钮。

步骤02 设置函数参数。在"函数参数"对话框中设置OFFSET函数的参数。

步骤03 复制公式。单击"确定"按钮，完成操作。此时向右拖动该单元格填充手柄至满意位置，放开鼠标即可完成公式复制操作。

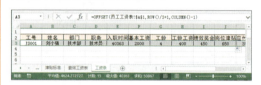

步骤04 选择单元格区域。在"工资条"工作表中，选中A2：O4单元格区域。

步骤05 复制公式完成操作。选中单元格右下角填充手柄，按住鼠标左键，向下拖动至满意为止，放开鼠标即可完成所有员工工资条的制作操作。

6.3 制作万年历

万年历的制作方法有很多种，但使用Excel软件来制作万年历，您也许是第一次听说。使用Excel制作万年历可随意查询任何日期所属的年、月历，非常方便。下面将向用户介绍如何利用Excel函数功能来制作万年历。

6.3.1 使用函数录入日期

在制作万年历之前，先根据需要输入日历的基本数据。

1 设置当前日期

下面将使用TODAY函数来计算当前日期。

步骤01 合并单元格。选中B1：D1单元格区域，单击"合并后居中"按钮，对其单元格区域进行合并。

步骤02 输入公式。单元格合并后，选中编辑栏，并输入"=TODAY()"公式。

步骤03 设置数据格式。选中B1单元格，单击鼠标右键，在打开的快捷菜单中选择"设置单元格格式"命令。

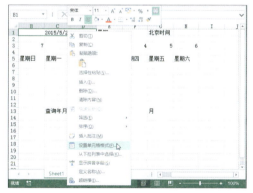

步骤04 选择数据类型。在"设置单元格格式"对话框的"分类"列表中，选择"日期"选项，并在"类型"列表中，选择合适的类型。将所选单元格的格式设为日期类型。

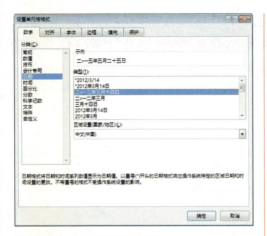

>步骤05 查看结果。单击"确定"按钮,此时在B1单元格中即可显示设置的数据格式。

2 设置显示星期数

如果想在日历中,显示当前星期数,可通过以下方法进行操作。

>步骤01 输入公式。选中F1单元格,在公示编辑栏中,输入"=IF(WEEKDAY(B1,2)=7,"日",WEEKDAY(B1,2))"。

>步骤02 设置星期格式。输入完成后,按Enter键,此时F1单元格中显示相应数值。

>步骤03 设置指定单元格格式。选中F1单元格,打开"设置单元格格式"对话框,将"分类"设为"特殊"选项,将"类型"设为"中文小写数字"选项。

>步骤04 查看结果。设置完成后,单击"确定"按钮,即可更改F1单元格数字格式。

3 设置当前时间

按照同样的方法,也可将当前时间进行显示,其方法如下。

>步骤01 输入公式。选中H1单元格,在公式编辑栏中,输入"=NOW()"。

步骤02 显示结果。此时，在H1单元格中，则可显示当前年、月、日及时间。

步骤03 设置时间格式。打开"设置单元格格式"对话框，将"分类"设为"时间"，将"类型"设为相应的数字格式。

步骤04 单击"确定"按钮，完成数字格式的设置操作。

4 制作日历年份和月份

在当前表格中，需要制作年份、月份的列表，从而方便用户后期进行查找，其方法如下：

步骤01 输入年份。分别在I1和I2单元格中，输入年份数值，如1950、1951。

步骤02 复制年份数。选中I1：I2单元格区域，按住鼠标左键，选中单元格右下角填充手柄，拖动该手柄至满意位置。

步骤03 完成月份输入。按照同样的操作，完成月份数值的输入操作。

5 制作查询列表

年份、月份数据输入完成后，则可使用数据验证功能来制作查询列表，其方法如下：

步骤01 制作年份下拉列表。选中D13单元格，单击"数据验证"按钮，打开相应的对话框。

步骤02 设置验证条件。单击"允许"下拉按钮，选择"序列"选项。

步骤03 选择数据来源。单击"来源"右侧折叠按钮，选择I1:I101单元格区域。

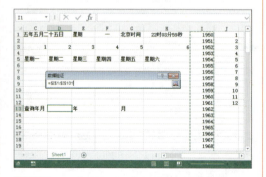

步骤04 完成设置。此时在"来源"文本框中，则会显示相应的数据，单击"确定"按钮。

高手妙招

清除数据验证的操作

如果想清除数据验证的设置，可选中所需单元格，打开"数据验证"对话框，单击"全部清除"按钮，其后单击"确定"按钮即可清除数据验证的操作。

步骤05 制作月份下拉列表。选中F13单元格，按照同样的操作，将1月~12月添加到月份下拉列表中。

6 计算当月天数、星期值

下面将使用逻辑函数来计算出被选月份的天数及星期值。

步骤01 输入公式。选中A2单元格，在公式编辑栏中输入公式"=IF(F13=2,IF(OR(D13/400=INT(D13/400),AND(D13/4=INT(D13/4),D13/100 <> INT(D13/100))),29,28),IF(OR(F13=4,F13=6,F13=9,F13=11),30,31))"，按Enter键，此时系统将自动计算出该月的天数并显示出来。

184

步骤 02 输入公式。单击 B2 单元格，在公式编辑栏中输入"=I-F（WEEKDAY（DATE($D$13，$F$13，1），2）=B3，1，0）"公式。

步骤 03 向右复制公式。设置完成后，选中单元格填充手柄，按住鼠标左键，向右拖动手柄至H2单元格。

7 制作万年历

所有前提条件都制作完成后，下面即可使用函数来对万年历进行制作了。

步骤 01 输入公式。选中 B6 单元格，在公式编辑栏中输入"=IF（B2=1，1，0）"公式。

步骤 02 在B7单元格输入公式。选中B7单元格，在公式编辑栏中输入"=H6+1"公式。

步骤 03 复制公式。选中B7单元格，选中该单元格填充手柄，将公式复制到B8、B9单元格中。

步骤 04 输入B10单元格公式。选中B10单元格，输入"=IF（H9>=A2，0，H9+1）"。

步骤 05 输入B11单元格公式。选中B11单元格，输入"=IF（H10>=A2，0，IF（H10>0，H10+1，0））"。

操作提示

了解Excel日期系统

Excel提供了两种日期系统，分别为1900日期系统和1904日期系统。默认情况下，Windows操作系统中的Excel使用1900日期系统，而Macintosh操作系统的Excel使用的是1904日期系统，为了保持兼容性，Windows中的Excel同时提供了两种日期系统，用户可在"Excel选项"对话框中进行选择设置。

步骤 06 输入C6单元格公式。选中C6单元格，输入公式"=IF（B6>0，B6+1，IF（C2=1，1，0））"。

步骤 07 复制公式。选中C6单元格，并向右拖动填充手柄至H6单元格。

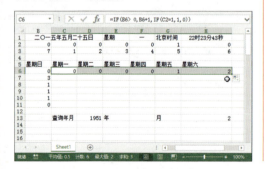

步骤 08 输入C7单元格公式。选中C7单元格，并输入公式"=B7+1"。

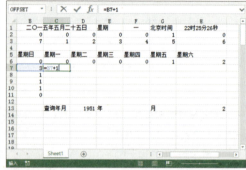

步骤 09 复制公式。选中C7单元格，向下拖动填充手柄C9单元格，其后将其填充手柄向右拖动至H9单元格。

步骤 10 输入C10单元格公式。选中C10单元格，输入公式"=IF（B10>=$A$2，0，IF（B10>0，B10+1，IF（C6=1，1，0）））"。

步骤 11 完成万年历的制作。选中C10单元格填充手柄，按住鼠标左键向右拖动手柄至H10单元格，其后再次选中C10单元格填充手柄，向下拖动至C11单元格。

步骤 12 验证结果。万年历的数据制作完毕后，单击"查询年月"或"月"下拉列表，选择相应的年月份，此时万年历的数值则会发生相应的变化。

操作提示

IF函数语法介绍

IF函数语法表达式为：IF（logical_test，value_if_true，value_if_false），其中Logical_test表示计算结果为TRUE或FALSE的任意值或表达式；Value_if_true logical_test为TRUE时返回的值；Value_if_false logical_test为FALSE时返回的值。

6.3.2 美化万年历

刚做好的万年历其外观看上去有点简陋，且年历周围还显示着一些辅助数据。为了使该年历的外观看上去清爽整洁，用户适当的对其外观进行一些必要的修饰操作，其具体操作如下：

1 隐藏行或列

若要将万年历周围的一些辅助数据删除的话，会直接影响到该年历的数据显示。此时，用户只需将这些数据隐藏即可。

步骤 01 选中行。选中表格的第2~3行。

高手妙招

取消行/列的隐藏操作

如要显示隐藏的行，则先选中被隐藏的相邻2个行，例如选择第1和第4两行，单击鼠标右键，选择"取消隐藏"命令，则可快速显示被隐藏的2和3行内容。

步骤 02 选择隐藏选项。单击鼠标右键，在快捷菜单中，选择"隐藏"命令。

步骤03 完成隐藏。此时被选中的行已被隐藏。此时行序号不会发生相应的变化。

步骤04 选择列。在表格中，选中I列和J列。

步骤05 隐藏列。在"开始"选项卡的"单元格"选项组中，单击"格式"下拉按钮，选择"隐藏或取消隐藏"选项，并在其级联菜单中，选择"隐藏列"选项。

步骤06 完成隐藏操作。按照该方法同样也可进行隐藏操作。此时被选中的列已被隐藏。

2 美化万年历

多余的数据隐藏好后，下面就可对万年历内容进行修饰美化操作了，其操作如下：

步骤01 选择单元格区域。选中B5：H11单元格区域。

步骤02 设置单元格格式。在"开始"选择卡的"字体"选项组中，根据需要对文本字体格式进行设置。

步骤03 打开"Excel 选项"对话框。同样选择B5：H11单元格区域，单击"文件"标签，选择"选项"选项，打开"Excel 选项"对话框。

步骤04 选择相关选项。单击"高级"选项，在右侧的"此工作表的显示选项"下，取消勾选"在具有零值的单元格中显示零"复选框。

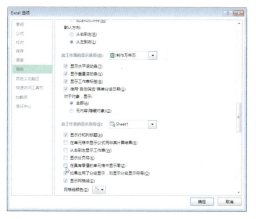

步骤05 查看效果。单击"确定"按钮，完成设置操作。此时被选中的单元格中的零值已被隐藏。

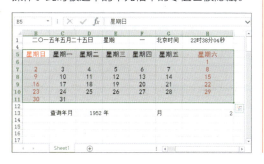

步骤06 设置当前日期格式。选中B1：H1单元格区域，在"字体"选项组中，对所选单元格区域的文本格式进行设置。

步骤07 设置查询年月内容格式。选中C13：G13单元格区域，在"字体"选项组中，对其文本格式进行设置。

步骤08 打开"设置单元格格式"对话框。选中B5：H11单元格区域，单击鼠标右键，在弹出的快捷菜单中选择"设置单元格格式"命令，打开"设置单元格格式"对话框。

步骤09 添加表格边框。在"边框"选项卡中，根据需要对其表格边框线进行设置。

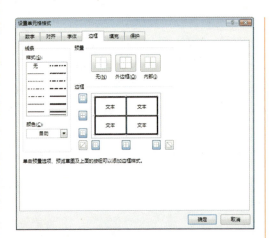

步骤 10 查看设置结果。选择完成后，单击"确定"按钮，完成边框线的添加操作。

步骤 11 添加表格底纹。选中表格相关单元格区域，在"设置单元格格式"对话框的"边框"选项卡中，选择相应的底纹颜色。

操作提示

三种公式引用的区别

在Excel中公式的引用有三种类型，分别为：相对引用、绝对引用、混合引用。相对引用是指公式复制到其他单元格中，行和列的引用也会相应的改变；绝对引用是指当公式复制到其他单元格时，行和列的引用不会改变；而混合引用是指介于相对与绝对引用之间的引用方式，行和列中一个是相对引用，另一个则是绝对引用。

3 添加背景图片

在Excel中，用户同样可对工作表添加背景图片，其操作如下：

步骤 01 打开"工作表背景"对话框。切换至"页面布局"选项卡，在"页面设置"选项组中，单击"背景"按钮。在"工作表背景"对话框中，选择满意的图片，单击"插入"按钮。

步骤 02 查看结果。设置完成后即可完成Excel工作表的背景填充操作。

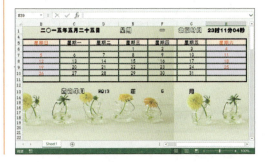

Chapter 7

使用Excel对数据进行管理和分析

在日常工作中，经常会遇到一些繁锁的数据表格，若想快速对这些数据进行分析处理，则需使用到Excel数据管理功能。运用好该功能，用户可快速了解表格的数据信息，并从中能够轻松地提取所需的数据。本章将介绍如何使用Excel对数据进行分析操作，例如数据排序、数据筛选以及分类汇总数据等。

本章所涉及的知识要点：

- ◆ 设置数据条件格式
- ◆ 数据排序操作
- ◆ 数据筛选操作
- ◆ 对数据进行分类汇总操作

本章内容预览：

为表格添加条件格式

对表格数据进行排序筛选

对表格数据进行分类汇总

7.1 制作电子产品销售统计表

制作产品销售统计表是为了能够及时了解到产品在市场上的一些销售情况，公司的销售部门则会根据该统计信息，对产品做相应的调整。下面将以制作电子产品销售统计表为例，来介绍如何对表格数据进行统计分析的操作。

7.1.1 输入表格数据

打开"电子产品销售统计表.xlsx"素材文件，选中所需单元格，即可输入相关数据。

步骤 01 输入公式。选中G2单元格，输入"=（E2-F2）/E2"公式。

步骤 02 设置数据格式。按Enter键完成计算，同样选中G2单元格，单击"数字格式"下拉按钮，选择"百分比"选项。

步骤 03 复制公式。选中G2单元格区域，将鼠标移至单元格右下角，按住鼠标不放向下拖动复制公式，计算出G3：G48单元格中的值。

步骤 04 输入公式。选中I2单元格，输入"=F2*H2"公式。

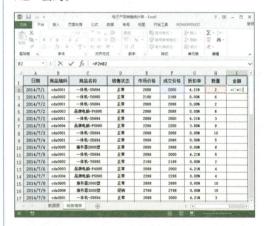

步骤 05 完成"金额"计算。按Enter键完成计算。选中I2：I48单元格区域，执行"填充>向下"操作，将公式复制到其他单元格中。

步骤 08 设置数据有效性。选中K2单元格，单击"数据"选项卡中的"数据验证"按钮，打开相应对话框，将"允许"选项设为"序列"。

步骤 06 输入公式。选中J2单元格，输入"=I2*G2"公式。

步骤 09 选取数据来源。单击"来源"右侧的折叠按钮，选取"数据源"工作表中的F2：F8单元格区域。

步骤 07 完成"折扣额"计算。按Enter键完成计算，同理，向下复制公式计算出其他单元格的值。

步骤 10 完成设置。返回"数据验证"对话框，单击"确定"按钮，完成数据有效性的设置操作。选中K2单元格并向下复制。

步骤 11 输入数据。单击 K2 单元格，在下拉列表中，选择相关销售姓名即可。按照同样的方法，完成"销售员"列的数据输入。

步骤 12 设置数字格式。选中 J2:J48 单元格区域，单击"数据格式"下拉按钮，选择"货币"选项，即可将该列数值添加货币符号。

步骤 13 设置小数位数。同样选择该单元格区域，打开"设置单元格格式"对话框，将"小数位数"设为1。

步骤 14 完成数据格式更改。单击"确定"按钮，完成数据格式的更改操作。

步骤 15 设置其他数据格式。按照同样的方法，用户可以设置其他列的数据格式，如为E列和F列添加货币符号。

7.1.2 对表格数据添加条件格式

为了使表格中某些数据突出显示，用户可使用条件格式功能来实现其操作。

1 使用色阶显示折扣率和折扣额

想要在表格中快速查看到自己所需的数据信息，可使用Excel色阶功能来操作，其具体操作方法如下：

步骤 01 选择列。在表格中，选择 G 列内容。

步骤 04 为J列添加色阶。选中J列单元格区域，单击"色阶"按钮，选择"蓝-白-红"色阶样式。

步骤 02 启用"色阶"功能。在"开始"选项卡的"样式"选项组中，单击"条件格式"按钮，选择"色阶"选项，并在级联列表中，选择满意的选项。

操作提示

删除色阶

选择添加色阶的单元格区域，之后单击"条件格式"按钮，在其级联菜单中依次选择"清除规则>清除所选单元格的规则"选项，即可将设置的色阶删除。

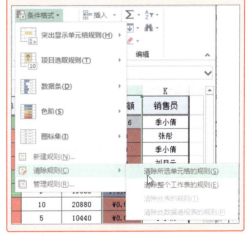

步骤 03 完成设置。选择完成后，此时被选的G列内容以添加了色阶效果。

2 使用数据条显示成交额数据

下面将介绍如何使用数据条功能来突出显示成交额数据的操作。

步骤 01 启用"数据条"功能。选中F列，单击"条件格式"按钮，选择"数据条"选项，并在级联菜单中选择满意的选项。

195

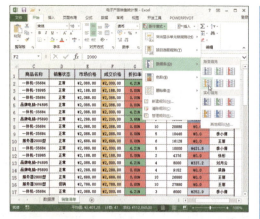

步骤 02 查看效果。选择好后，被选中的F列单元格已发生了相应的变化。

步骤 02 设置第1参数。在"介于"对话框中，单击第1个选取按钮，在I列单元格中，选中I11单元格。

操作提示

"图标集"功能介绍
使用"图标集"功能可对数据进行注释，并可以按阈值将数据分为3~5个类别。每个图标代表一个值的范围。

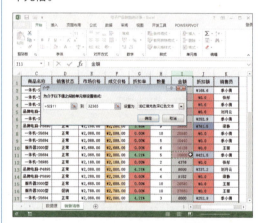

步骤 03 设置第2参数。在"介于"对话框中，单击第2个选取按钮，并选中I列的I41单元格。

3 使用条件规则显示金额数据

Excel 2013中"突出显示单元格规则"的操作方法如下：

步骤 01 启用相关功能。选中I列单元格区域，单击"条件格式"下拉按钮，选择"突出显示单元格规则"选项，并在其级联列表中，选择满意条件选项。

操作提示

删除条件规则

若想删除条件规则，则单击"条件格式"按钮，选择"清除规则"选项，并在其级联菜单中，根据需要选择相关选项，即可清除该条件规则。

步骤 04 设置填充颜色。单击"设置为"下拉按钮，选择满意的填充颜色，如"黄填充色深黄色文本"。

步骤 05 完成设置。设置完成后，单击"确定"按钮，此时I列单元格中，大于等于10000，且小于等于20000的数据都会被突出显示。

4 新建条件规则

如果Excel中内置的条件规则无法满足需求，用户可对其进行自定义操作，其方法如下：

步骤 01 新建条件规则。选中H列单元格区域，单击"条件格式"按钮，在下拉列表中选择"新建规则"选项。

步骤 02 选择规则类型。在"新建格式规则"对话框的"选择规则类型"列表框中，选择"只为包含以下内容的单元格设置格式"选项。在"编辑规则说明"选项下，设置规则参数。

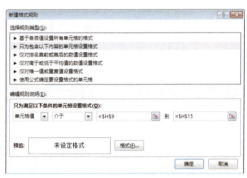

步骤 03 设置规则格式。单击"格式"按钮，在"设置单元格格式"对话框中，单击"填充"选项卡，单击"填充效果"按钮。

197

步骤 04 设置填充效果样式。在"填充效果"对话框中，对填充的渐变色进行设置。

步骤 05 完成规则创建。依次单击"确定"按钮，完成H列条件规则格式的创建设置。

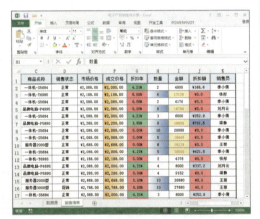

7.1.3 对表格数据进行排序

用户可根据需求，对表格中相应的数据进行排序。而排序的类型有多种，例如按行排序，按列排序，自定义排序等，下面将介绍数据排序的操作方法。

1 按"成交价格"进行排序

下面将以表格中的F列为例，来介绍数据排序的操作方法。

步骤 01 启用排序功能。选中F列，切换至"数据"选项卡，单击"升序"按钮。

步骤 02 确认排序对象。随后将弹出"排序提醒"对话框，单击"扩展选定区域"单选按钮。如果实现只是选中该列中任意一单元格，那么将不会出现此提示信息。

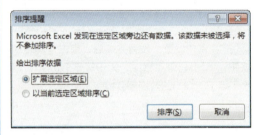

步骤 03 完成排序。单击"排序"按钮，返回工作表中，即可发现F列中的所有数据以从小到大进行排序。

2 按"金额"进行排序

下面将介绍如何使用表格筛选功能对表格中的I列数据进行排序操作。

步骤 01 转换表格。切换至"插入"选项卡，单击功能区中的"表格"按钮。

步骤 02 选择数据范围。在打开的"创建表"对话框中，设置数据范围。

步骤 03 添加筛选按钮。单击"确定"按钮，此时在表格首行（除K列外）单元格中将显示筛选按钮。

步骤 04 选择排序方式。单击I列首行单元格的筛选按钮，在下拉列表中选择"降序"选项。

步骤 05 完成排序操作。此时I列数据则以降序显示。

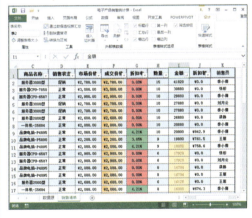

3 自定义排序数据

除了Excel提供的排序方式外，用户还可以根据实际的数据类型和排序需要，设置自定义数据排序，下面将介绍自定义排序操作。

步骤 01 启用"自定义排序"功能。选中I列任意单元格，切换至"开始"选项卡，在"编辑"选项组中，单击"排序和筛选"下拉按钮，选择"自定义排序"选项。

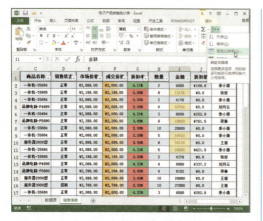

步骤 02 设置主要关键字。在打开的"排序"对话框中,单击"主要关键字"右侧的下拉按钮,选择"金额"选项,其后将"次序"设为"升序"选项。

步骤 03 添加条件。单击"添加条件"按钮,并将"次要关键字"设为"折扣率",将"排序依据"设为"单元格颜色"选项,其他选项保持默认。

步骤 04 完成排序操作。依次单击"确定"按钮,即可完成自定义排序,此时I列数据则以升序显示,而G列中相对应的数据则以颜色进行排序显示。

7.1.4 对表格数据进行筛选

在Excel中,用户可使用筛选功能,将表格中的数据进行筛选操作,下面将介绍数据筛选的操作方法。

1 自动筛选"商品名称"数据

使用自动筛选功能,可使用户在繁琐的表格中快速查找所需数据,而其他无关数据将被隐藏起来。

步骤 01 启用"筛选"功能。若当前表格首行单元格中,未添加筛选按钮,可选择表格任意单元格,单击"排序和筛选"按钮,在下拉列表中选择"筛选"选项,即可完成筛选按钮的添加操作。

步骤02 设置筛选参数。单击"商品名称"筛选按钮,在筛选列表中,勾选所需的商品名称复选框选项。

步骤03 完成自动筛选。单击"确定"按钮,完成自动筛选操作。此时,未被选中的商品名称数据已被隐藏。

2 按条件筛选"金额"数据

在Excel中除了自动筛选功能外,还可根据所需条件进行自定义筛选。

步骤01 选择筛选条件。单击"金额"筛选按钮,选择"数字筛选"选项,在其级联菜单中,选择"大于或等于"选项。

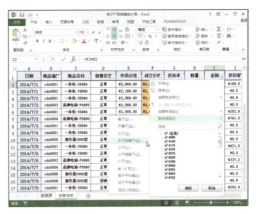

步骤02 设置筛选参数。在"自定义自动筛选方式"对话框中,对筛选条件进行设置。

步骤03 完成设置。单击"确定"按钮,此时"金额"数据列中,所有大于等于10000的数据已被筛选出来。

高手妙招

重新筛选数据

完成筛选操作后,如需重新进行其他数据的筛选,只需在功能区中,再次单击"筛选"按钮,即可恢复表格数据。

7.2 制作电器销售分析表

数据分类汇总，顾名思义就是按照某数据类别，分别汇总数量，把所有数据根据要求进行汇总。而汇总的条件有计数、求和、最大值、最小值以及方差等。下面将以制作电器销售分析表为例，来介绍Excel分类汇总的操作方法。

7.2.1 销售表的排序

销售表是企业运营状态以及发展规划最直接的数据来源，一直受到企业的重视。在数据表制作的同时，可以使用多种方法来查询、整合数据，作为重要的参考资料。

1 按照销售总价进行排序

总价往往是最重要的数据资料，下面将介绍销售表的排序操作。

步骤01 创建表。打开"电器销售表.xlsx"素材文件，切换至"插入"选项卡，单击功能区中的"表格"按钮。

步骤02 选择数据源。打开"创建表"对话框，从中设置表数据的来源，即A1:H63单元格区域，并勾选"表包含标题"复选框。

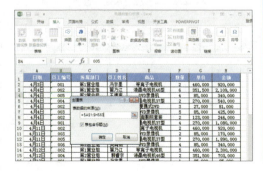

步骤03 选择排序类型。单击"确定"按钮，此时在首行单元格中已添加筛选按钮。单击"金额"的筛选按钮，选择"降序"选项。

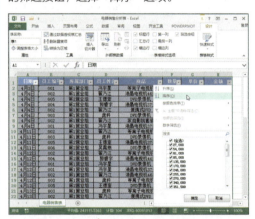

步骤04 查看效果。此时，表格中的"金额"列数据则从高到低进行排列。

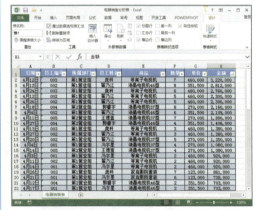

2 对销售数量进行排序

下面将介绍如何对销售数据进行排序操作。

步骤01 选择自定义排序选项。在工作表中，单击"数据"选项卡中的"排序"按钮。或单击"排序和筛选"按钮，选择"自定义排序"选项。

7.2.2 销售表数据分类汇总

除了简单的排序功能外，Excel还提供了对数据的分类汇总计算功能。用户可对需要的数据进行计算，并按照用户的需求进行汇总，将准确的结果显示出来。

1 按日期汇总销售额

按日期汇总所有商品的销售额是最常用的汇总功能，下面将介绍其具体操作。

步骤01 新建表格。新建"日销售总额"工作表。输入相关表格数据。其后选中A2单元格，单击"数据"选项卡的"合并计算"按钮。

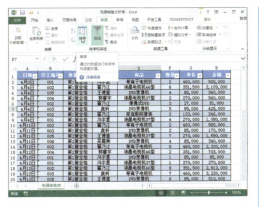

步骤02 排序设置。在"排序"对话框中，将"主要关键字"设为"商品"，将"排序依据"设为"数值"，将"次序"设为"升序"，单击"添加条件"按钮。

步骤02 完成参数选项。在"合并计算"对话框中，将"函数"设为"求和"，单击"引用位置"选取按钮，框选"电器销售表"的所有数据，其后勾选"最左列"复选框。

步骤03 完成排序设置。将"次要关键字"设为"金额"，将"排序依据"设为"数值"，而将"次序"设为"降序"，单击"确定"按钮。

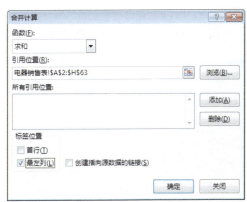

步骤03 框选数据。单击"确定"按钮返回编辑区。在汇总结果中，选中"日期"数据列，单击鼠标右键，选择"设置单元格格式"命令。

步骤04 最终效果。排序参数设置完成后，则可查看排序结果。

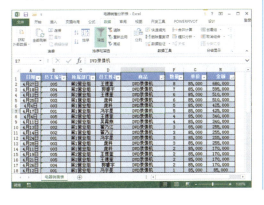

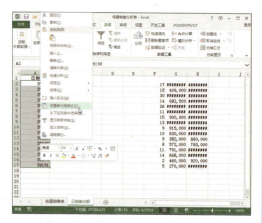

步骤06 日期排序。选择A列中任一单元格,之后对该日期列进行升序排序。

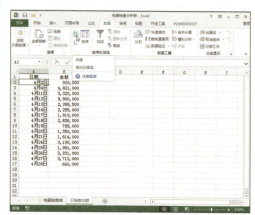

步骤04 设置数字格式。在"设置单元格格式"对话框中,选择"日期"分类中的满意类型,单击"确定"按钮。

操作提示

动态的数据汇总

汇总所得出的数据是静态的,即不随原表的数据变化进行变化。如果想实时动态的对数据进行汇总操作,则需要在"合并计算"对话框中,勾选"创建指向源数据的链接"复选框,则可将新表中的数据变为动态。

2 按员工姓名进行数据的分类汇总

应用分类汇总可快速对用户需要的关键字进行汇总计算,比表格中的排列和计算更加直观,下面介绍其具体操作方法。

步骤01 复制工作表。选择"电器销售表"工作表,单击鼠标右键,在快捷菜单中,选择"移动或复制"命令。

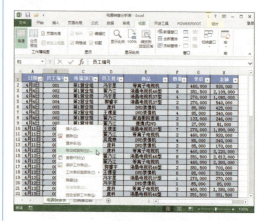

步骤05 查看效果。返回查看设置结果,并适当调整单元格大小,同时删除多余的数据列。

步骤 02 选择参数。在"移动或复制工作表"对话框中，选择"日销售总额"选项，并勾选"建立副本"复选框，单击"确定"按钮。

步骤 03 重命名工作表。双击工作表名称，为其重命名，命名为"按员工分类"。

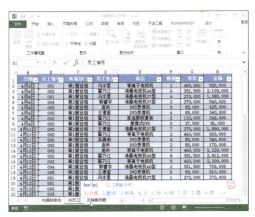

步骤 04 转换表格。全选表格，单击"表格工具-设计"选项卡下的"转换为区域"按钮。

步骤 05 选择排序。在打开的对话框中，单击"是"按钮，选择"员工姓名"列任一单元格，其后单击"排序和筛选"按钮，选择"升序"选项。

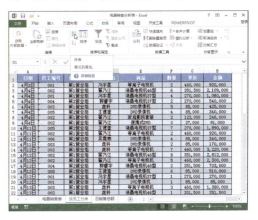

步骤 06 启用分类汇总。完成排序后，单击"数据"选项卡的"分类汇总"按钮。

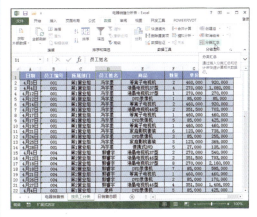

步骤 07 选择选项。在"分类汇总"对话框中，将"分类字段"设为"员工姓名"，将"汇总方式"设为"求和"，将"选定汇总项"设为"金额"选项，单击"确定"按钮。

步骤08 查看效果。此时，系统将自动对员工姓名进行汇总，并计算出员工销售总金额数值。

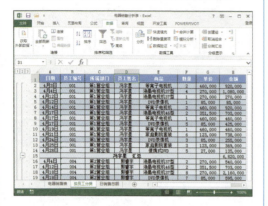

3 按照日期计算平均值

除了计算总的销量外，Excel还可以按用户要求计算出平均值。

步骤01 创建表。新建"按日期分类"工作表，复制"电器销售表"工作表数据，将其粘贴至新工作表中，并将其工作表命名为"按日期分类"。

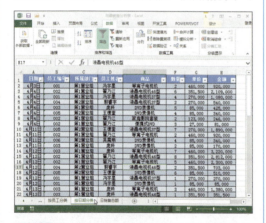

步骤02 转换单元格区域。将复制后的数据转换成普通区域，将"日期"数据列进行升序排列，其后单击"分类汇总"按钮。

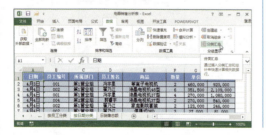

步骤03 设置参数。在"分类汇总"对话框中，将"汇总方式"设为"平均值"，单击"确定"按钮。

步骤04 查看设置结果。设置完成后，系统将以"日期"进行汇总。

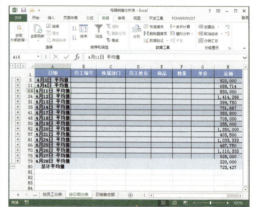

操作提示

快速查看汇总数据

在"分类汇总"的完成界面中，左上角有1、2、3，3个按钮，分别对应"总计平均值""每日平均值""所有数据"。范围从大到小，用户可以根据实际需要，选择对应的按钮来快速查看。

4 按部门和商品名称进行分类汇总

有时，不仅仅是对某一分类进行汇总，也有可能对两个或两个以上的分类进行汇总。下面将介绍其具体操作方法。

步骤01 新建工作表。新建"按部门商品分类"的工作表，单击"排序和筛选"按钮，选择"自定义排序"选项。

步骤02 设置参数。在"排序"对话框中,将"主要关键字"设为"所属部门",单击"添加条件"按钮,将"次要关键字"设为"商品"。然后,单击"确定"按钮。

步骤03 对部门分类汇总。在"数据"选项卡的"分级显示"选项组中,单击"分类汇总"按钮。

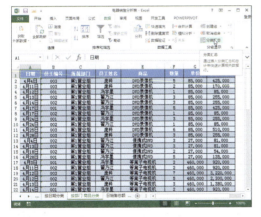

步骤04 设置具体参数。在"分类汇总"对话框中,将"分类字段"设为"所属部门",将"选定汇总项"设为"金额",单击"确定"按钮。

步骤05 再次执行分类汇总命令。再次单击"分类汇总"按钮,将"分类字段"设为"商品",并取消勾选"替换当前分类汇总"复选框,单击"确定"按钮。

步骤06 查看设置结果。单击工作表左上角的3按钮,用户则可更加直观的看到分类汇总的结果。

207

> **高手妙招**
>
> **取消分类汇总的操作**
>
> 取消分类汇总只需在"分类汇总"对话框中，单击"全部删除"按钮，即可将已经完成的所有分类汇总删除。

7.2.3 销售表的筛选操作

在对数据进行排序和分类汇总外，Excel还能像数据库一样，将满足要求的数据提取出来。

1 筛选指定销售员指定商品的销售金额

应用高级筛选功能，可以快速的查找某销售员销售的某种商品的销售金额，下面介绍其具体方法。

步骤 01 新建工作表。新建"员工产品销量筛选"工作表，并输入表格数据，其后单击"排序和筛选"中的"高级"按钮。

步骤 02 设置参数。在"高级筛选"对话框中，单击"将筛选结果复制到其他位置"单选按钮，其后单击"列表区域"的框选按钮。

步骤 03 选择列表区域。选择"电器销售表"标题及所有数据，完成后返回到"高级筛选"对话框，单击"条件区域"后的框选按钮。

步骤 04 选择具体区域。在"员工产品销量筛选"中选择手动输入的所有数据，再次单击选择按钮。

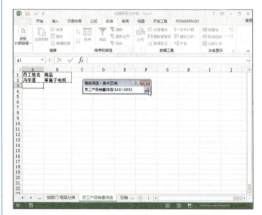

步骤 05 选择复制位置。在"高级筛选"对话框中，单击"复制到"后的选择按钮，在"员工产品销售筛选"中，选择A4单元格。

步骤 06 检查设置。当表格中所有区域选择完成后，单击"确定"按钮。

步骤07 最终效果。返回工作表中，即可查看筛选后的效果。

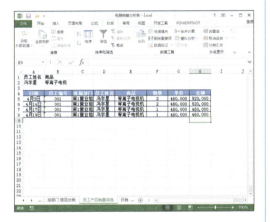

2 筛选总额最高的前10项数据

如果需要了解销售总额最高的10项数据，可以直接通过快捷选项进行筛选。下面介绍具体步骤。

步骤01 开启筛选功能。打开工作表，如果标题栏没有筛选快捷按钮，可以单击"数据"选项卡，"排序和筛选"类中的"筛选"按钮。

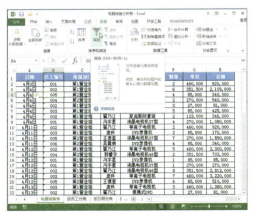

步骤02 选择筛选命令。单击"金额"单元格的"筛选"按钮，选择"数字筛选"项下的"前10项"选项。

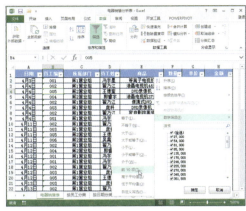

步骤03 配置筛选参数值。在"自动筛选前10个"对话框中，单击"确定"按钮。

步骤04 最终效果。设置完成后，系统将自动筛选出总金额10个最大值。

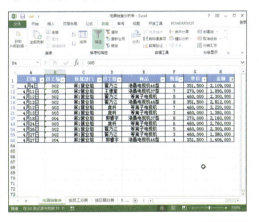

操作提示
将姓名以笔划排序
默认的排序方式是以数字大小以及汉字的英文字母顺序进行排列。如果想将姓名进行排列，可以在"排序"选项卡中，单击"选项"按钮，在"排序选项"对话框的"方法"选项下，根据需要选择"笔划排序"或"字母排序"即可。

Chapter 8

210~238

使用Excel对数据进行图形化展示

图表是Excel表格中的一项重要功能。在面对一些复杂的表格数据，用户无法直观地读取数据之间的关系及趋势时，若将这些数据以图表的形式显示的话，用户则可轻松的从图表中读取到相关数据信息。本章将介绍Excel图表的基本操作，其中包括图表的创建、图表格式的设置以及数据透视表/透视图的创建操作等。

本章所涉及的知识要点：

- ◆ 创建图表　　◆ 编辑图表
- ◆ 美化图表　　◆ 创建数据透视表
- ◆ 创建数据透视图

本章内容预览：

制作电子产品销售图表

制作电子产品销售/透视图

制作员工工资分析表

8.1 制作电子产品销售图表

前一章向用户介绍了如何对电子产品销售表进行排序和筛选操作，下面将以该表格数据为例，来介绍Excel图表的创建与编辑操作。相信通过对该实例的操作学习，用户可轻松制作出一张既直观又漂亮的图表来。

8.1.1 常用图表种类介绍

在Excel中，图表的类型有多种，而常用的图表类型有柱形图、折线图、饼图、条形图、面积图以及散点图，下面将分别对其功能进行简单介绍。

1 柱形图

柱形图是由一系列垂直条形图组成，它是图表中最常用的类型。该图表常用来比较一段时间中两个或多个项目的相对尺寸。

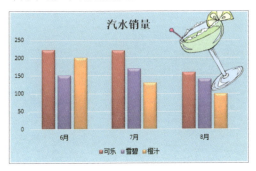

2 条形图

条形图是由一系列水平条形图组成，使对于时间轴上的某一点、两个或多个项目的相对尺寸具有可比性。

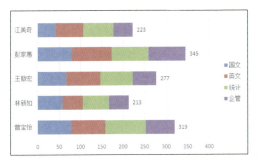

3 饼图

对比几个数据在其形成的总和中所占百分比值时，通常使用饼图来表示。整个饼图代表总和，每一个数据用一个楔形或薄片代表。

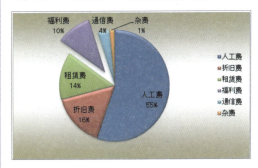

4 折线图

该图表用于显示一段时间内的趋势。通过折线图可对将来做出数据预测。而折线图一般在工程上应用较多，若其中一个数据有多种情况，折线图里就有几条不同的折线。

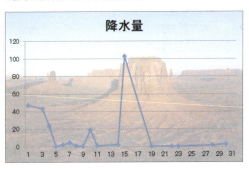

5 面积图

面积图是显示一段时间内变动的幅度值。当有几个部分正在变动，而用户对那些部分的总和感兴趣时，多用面积图来表示。在面积图中，即可看到单独各部分的变动，也可看到总体的变化。

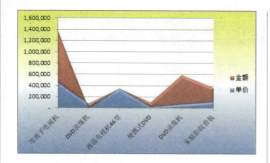

6 XY散点图

XY散点图是展示成对的数和它们所代表的趋势之间的关系。对于每一对数，一个数被绘制在X轴上，而另一个被绘制在Y轴上。过两点作轴垂线，相交处在图表中有一个标记。散点图主要用来绘制函数曲线，所以在教学、科学计算中经常运用到。

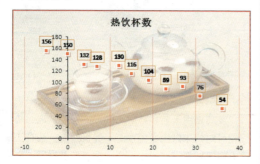

8.1.2 创建销售图表

了解图表种类后，下面将介绍电子产品销售图表的创建操作。

1 创建销售金额统计图表

应用图表来展示销售数据，可使数据的变化趋势更直观。

步骤01 插入工作表。打开"电子产品销售统计表.xlsx"文件，单击"新工作表"按钮，插入新工作表。

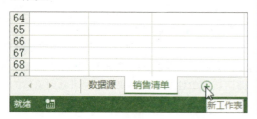

步骤02 重命名工作表。双击新插入的工作表名称，之后对其进行重命名操作。

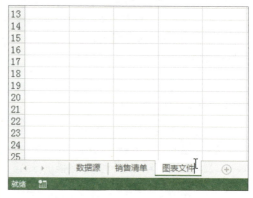

步骤03 隐藏数据。切换至"销售清单"工作表，选中B~H列单元格区域，单击鼠标右键，选择"隐藏"命令，对其数据进行隐藏。

步骤04 输入表格内容。在"图表文件"工作表中，输入表格内容。

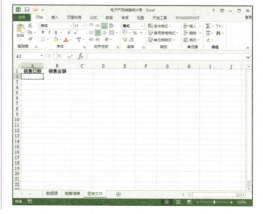

步骤 05 合并汇总数据。在"创建图表"工作表中，选中A2单元格，在"数据"选项卡中，单击"合并计算"按钮，打开相应的对话框，并对其参数进行设置。

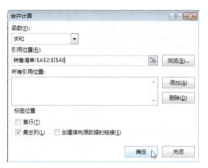

步骤 06 创建图表数据文件。在"创建图表"工作表中，删除多余的数据列，并设置A列数据的数据格式。

步骤 07 数据排序。在"创建图表"工作表中，选中A列任意单元格，单击"排序和筛选"按钮，选择"升序"选项，将"日期"数据以升序进行排列。

步骤 08 选择图表类型。选中A1：B11单元格区域，在"插入"选项卡的"图表"选项组中，单击"柱形图"选项，并在其列表中选择满意的柱形图表类型。

步骤 09 创建图表。选择完成后，即可完成图表的创建操作。

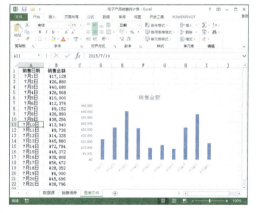

2 添加图表数据

若想在创建好的图表中，添加新数据系列，具体操作方法如下。

步骤 01 启用"选择数据"功能。选中所需图表，在"图表工具-设计"选项卡的"数据"选项组中，单击"选择数据"按钮。

3 更改图表类型

若对创建好的图表类型不满意,可使用"更改图表类型"功能进行操作,其方法如下:

步骤01 打开"更改图表类型"对话框。选中图表,在"图表工具-设计"选项卡的"类型"选项组中,单击"更改图表类型"按钮。

步骤02 设置数据参数。在"选择数据源"对话框中,单击"图表数据区域"折叠按钮,在"创建图表"工作表中,选取 A1:B14 单元格区域。

步骤03 完成添加操作。数据选取完成后,单击"确定"按钮,即可完成数据添加操作。

步骤02 选择新图表类型。在"更改图表类型"对话框中,选择新图表类型。

步骤03 完成更改操作。选择完成后,单击"确定"按钮,即可完成图表类型的更改操作。

高手妙招

将图表移至其他工作表的操作

选中所需图表,在"图表工具-设计"选项卡的"位置"选项组中,单击"移动图表"按钮,在"移动图表"对话框的"对象位于"下拉列表中,选择所需工作表名称,单击"确定"按钮即可完成操作。

8.1.3 调整图表布局

图表创建完成后，用户可对该图表的布局进行适当的调整，例如添加图表标题、数据标签、数据趋势线等。

1 添加图表标题

在默认情况下，创建的图表标题是以图例名称显示的，用户可对该标题进行修改操作，其方法如下：

步骤01 修改标题内容。若创建的图表已添加标题，只需选中该图表标题内容，输入新标题，其后单击图表任意空白处即可完成修改。

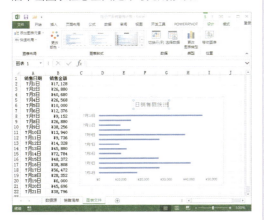

步骤02 若创建的图表没有标题，可通过以下方法进行操作，选择图表标题功能。选中图表，切换至"图表工具-设计"选项卡，单击"添加图表元素"按钮，在其下拉列表中依次选择"图表标题>图表上方"选项。

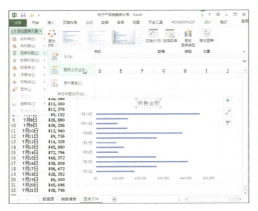

步骤03 输入标题内容。此时在图表上方则显示默认标题，选中该标题内容将其修改即可。

2 添加数据标签

为了能够更加直观的查看到图表数据，可为图表添加数据标签，其方法如下：

步骤01 启用数据标签选项。选中图表，切换至"图表工具-设计"选项卡，单击"添加图表元素"按钮，在其下拉列表中依次选择"数据标签>数据标签外"选项。

> **操作提示**
>
> **趋势线的应用范围及种类**
> 面积图、条形图、柱形图、折线图、股价图、xy(散点)图和气泡图这几种图表类型中除了堆积图以外均可以添加趋势线（只限二维图表）。
> 趋势线还分为线性、指数、线性预测、周期移动平均几种类型。要根据图表种类的不同和实际需要添加合适的趋势线。

步骤02 完成添加操作。选择后，则可完成数据标签的添加操作。

3 设置图表坐标轴

在Excel图表中，用户可对其横/纵坐标轴的显示样式进行设置，其方法如下：

步骤01 隐藏横坐标轴。选中图表，切换至"图表工具-设计"选项卡，单击"添加图标元素"按钮，在打开的列表中选择"坐标轴>主要横坐标轴"选项，即可实现隐藏操作。

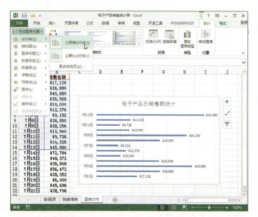

高手妙招

快速隐藏法

单击图表右上角的快捷按钮，从列表中选择"坐标轴"，在级联菜单中取消对"主要横坐标轴"选项的选择，如下图所示。

步骤02 显示次要网格线。单击"添加图标元素"按钮，在打开的列表中选择"网格线>主轴次要垂直网格线"选项。

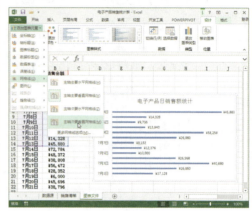

步骤03 显示网格线。选择后，在该图表中已显示了主要和次要网格线。

8.1.4 美化图表

图表创建完成后，为了使图表更美观，可适当对图表进行美化操作，下面将介绍对图表外观格式进行设置的操作。

1 设置图表标题格式

图表标题格式是可根据需要进行设置的，其方法如下：

步骤01 选择"字体"选项。选择图表中的标题文本，单击鼠标右键，选择"字体"命令。

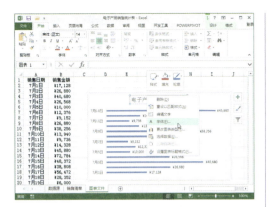

步骤 02 设置字体格式。在"字体"对话框中，对标题内容的字体、字形、字号及颜色进行设置。设置完成后单击"确定"按钮。

> **高手妙招**
>
> **使用悬浮框设置标题文本格式**
> 选中标题文本，单击鼠标右键，此时在悬浮框中即可对文本格式进行设置。

步骤 03 设置标题其他格式。选中图表标题，单击鼠标右键，选择"设置图表标题格式"命令。

步骤 04 设置文本框填充选项。打开"设置图表标题格式"窗格，选择"渐变填充"选项，并对其填充颜色、亮度、透明度等属性进行设置。

步骤 05 完成设置。设置完成后，单击"关闭"按钮，完成对标题文本框的填充操作。

2 设置图表图例

为了使自己创建的图表更加完美、用户可以添加图例项并对其格式进行设置，其具体操作过程介绍如下：

步骤 01 显示图例。选中图表，切换至"图表工具-设计"选项卡，在"图表布局"选项组中单击"添加图表元素"按钮，在展开的下拉列表中选择"图例"选项，在其级联菜单中选择"顶部"选项。

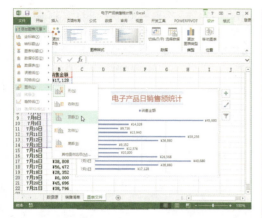

步骤 02 美化图例。右击图例，在弹出的右键菜单中选择相应的选项即可对图例实施美化，如设置其字体格式、填充颜色、美化轮廓等。

3 设置数据系列及图表背景格式

用户也可对图表中的数据系列及图表背景格式进行设置，其方法如下：

步骤 01 选择数据系列样式。在图表中，选中数据系列，在"图表工具-格式"选项卡的"形状样式"选项组中，单击样式下拉按钮，选择满意的样式。

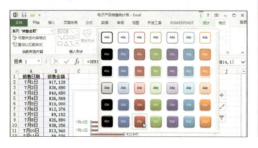

步骤 02 选择相关命令。选中图表区，单击鼠标右键，选择"设置图表区域格式"命令。

步骤 03 设置填充方式。打开"设置图表区格式"窗格，选择"图片或纹理填充"选项，随后单击"文件"按钮。

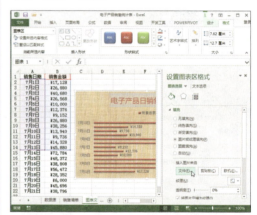

步骤 04 选择背景图片。在打开的对话框中选择所需要的背景图片。

步骤 05 完成背景的设置。单击"插入"按钮，完成图表区域背景的设置。

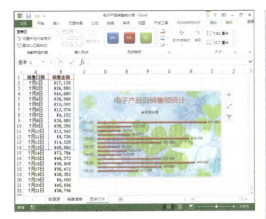

步骤 06 设置绘图区背景。选中绘图区域,单击鼠标右键,选择"设置绘图区格式"命令。

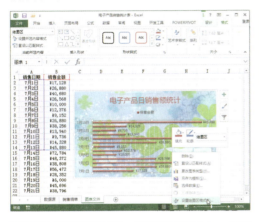

步骤 07 打开设置窗格。在打开的窗格中,根据需要设置绘图区的填充方式、填充颜色以及透明度。

步骤 08 设置图表边框。选中图表,打开"设置图表区格式"窗格,选择"边框"选项,并依次设置其他属性,如边框的颜色、线条样式等,最后勾选"圆角"单选按钮。

步骤 09 设置图表的三维格式。切换至"效果"选项卡,选择"三维格式"选项,随后根据需要对其参数进行设置。

高手妙招

巧妙打开"设置图表区格式"窗格

选择图表后,打开"图表工具–格式"选项卡,然后单击"大小"组的对话框启动器按钮即可。

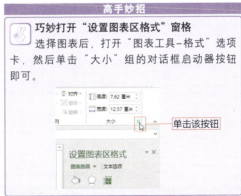

Chapter 8 使用Excel对数据进行图形化展示

步骤 10 设置阴影效果。单击"阴影"选项，根据需要选择预设模式，在此选择"外部>右下斜偏移"选项。

步骤 11 查看最终效果。设置完成后，返回编辑区即可看到图表的最终效果。

8.2 制作电子产品销售透视表/透视图

数据透视表是一种可快速汇总大量数据的交互方式。使用数据透视表可深入分析数据，可用于快速合并和比较数据，适用于多项数据的汇总和分析。而数据透视图则是透视表的一种表达方式，其创建方法与图表相似。下面同样以电子产品销售表为例，来介绍透视表和透视图的创建操作。

8.2.1 创建产品销售透视表

打开"电子产品销售统计表.xlsx"素材文件，单击"数据透视表"按钮，则可创建透视表，其具体操作如下：

步骤 01 启用透视表功能。选中表格任意单元格，在"插入"选项卡的"表格"选项组中，单击"数据透视表"按钮。

步骤 02 设置数据参数。在"创建数据透视表"对话框中，单击"表/区域"选取按钮，框选表格所有数据，其后在"选择放置数据透视表的位置"选项下，单击"新工作表"单选按钮。

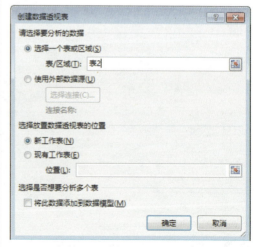

步骤 03 新建并重命名工作表。双击插入的工作表标签，对其进行重命名。

高手妙招

推荐的数据透视表

Excel 2013中，新增了一个"推荐的数据透视表"功能，用户启用该功能，即可获取系统推荐的数据透视表样式。

步骤 04 设置数据字段。在表格右侧"数据透视表字段"窗格的"选择要添加到报表的字段"列表框中，勾选要显示的数据，此时被选中的字段已添加到透视表中。

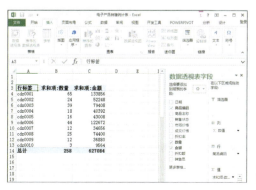

8.2.2 编辑透视表数据信息

透视表数据的编辑操作包括筛选字段、更改字段、更改字段的数字格式、对字段数据进行排序、数据分组等，下面将介绍其具体方法。

1 按"日期"字段筛选数据

在数据透视表中，若想按"日期"字段来筛选数据，可进行以下操作：

步骤 01 设置筛选项。将日期字段拖至"筛选器"区域。

步骤 02 查看结果。单击"日期"右侧的下三角按钮，可显示"日期"字段，透视表的所有"日期"数据已添加到筛选器中。

步骤 03 选择筛选日期。在透视表中，单击"日期"下三角按钮，在下拉列表中，选择需要筛选的日期。

步骤 04 完成筛选。选择后，单击"确定"按钮，此时透视表中已显示了被选日期的相关数据，而其他数据已被隐藏。

步骤 02 选择汇总类型。右击C4单元格，在弹出的右键菜单中选择"值汇总依据>最大值"选项。

高手妙招

取消数据透视表筛选操作

若想取消筛选操作，只需在"数据透视表字段"窗格中的"筛选器"列表中，单击所需字段按钮，在下拉列表中，选择"删除字段"选项，即可完成取消透视表的筛选操作。

步骤 03 查看结果。选择完成后，被选的汇总字段及汇总数据已发生了变化。

② 更改"金额"汇总类型

在默认的情况下，透视表中的汇总字段则会按照求和汇总方式进行计算。若用户想使用其他汇总方式，可按照以下方法进行更改。

步骤 01 选择单元格。在透视表中，选中要更改汇总字段的单元格，这里选择C4单元格。

3 对"金额"数据进行排序

在数据透视表中，用户也可根据需要对数据进行排序操作，其方法如下：

步骤01 启用排序功能。选中C4单元格，切换至"开始"选项卡，单击功能区中的"排序和筛选"下拉按钮，在其列表中选择"自定义排序"选项。

步骤02 选择排序方式。在"按值排序"对话框中，根据需要单击"升序"单选按钮，并将"排序方向"设为"从上到下"选项。

高手妙招
快速排序的操作
选中所需单元列任意单元格，单击鼠标右键，选择"排序"命令，并在其级联菜单中，选择"升序"或"降序"选项，同样可进行排序操作。

步骤03 完成排序。单击"确定"按钮，此时透视表中的"金额"数据将以升序显示。

4 更改数据源

透视表创建完成后，若要对数据源数据进行更改，可按照以下方法进行操作。

步骤01 启用更改数据源命令。在透视表中，单击"数据透视表工具-分析"的"更改数据源"按钮，在下拉列表中选择"更改数据源"选项。

步骤02 框选数据源。在"更改数据透视表数据源"对话框中，单击"表/区域"折叠按钮，选取数据源单元格区域。

步骤 03 完成设置。选取完成后，再次单击折叠按钮，在返回的对话框中，单击"确定"按钮，则可完成更改操作。

8.2.3 设置数据透视表样式

数据透视表创建后，为了使透视表更为美观，可以为其套用内置的数据透视表样式，也可以自定义数据透视表样式。

1 更改透视表布局

透视表的布局可根据需要进行调整，其方法如下：

步骤 01 启用布局功能。在透视表中，单击"数据透视表工具-设计"选项卡的"布局"选项组中的"报表布局"按钮，在其列表中选择满意的布局。

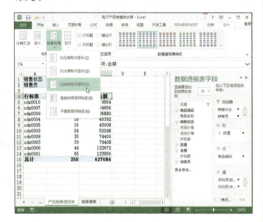

步骤 02 查看布局效果。选择完成后，透视表的布局已发生了更改。

2 使用内置数据透视表样式

系统提供了多种数据透视表样式，用户只需在"数据透视表样式"库中选择所需要样式即可，其操作如下：

步骤 01 选择数据透视表样式。选中数据透视表任意单元格，在"数据透视表工具-设计"选项卡的"数据透视表样式选项"选项组中，选择满意的数据透视表样式。

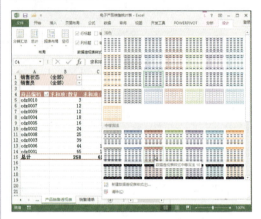

步骤 02 查看结果。选择完成后，透视表样式已发生了变化。

操作提示

清除透视表样式

若想对透视表样式进行删除，可在"数据透视表工具-设计"选项卡的"数据透视表样式"选项组中，单击样式按钮，在样式库中选择"清除"选项即可快速删除当前表样式。

> **操作提示**
>
> **自定义数据透视表样式**
>
> 若数据透视表样式库中的样式满足不了用户，用户可自行定义数据透视表样式。首先在"数据透视表样式"下拉列表中，选择"新建数据透视表样式"选项，然后在打开"新建数据透视表样式"对话框中，根据提示一步步创建即可。

8.2.4 创建产品销售透视图

数据透视图是另一种数据表现形式，与数据透视表不同的是它利用适当的图表和多种色彩来描述数据的特性。

步骤 01 启用数据透视图。选中"销售清单"工作表中任意单元格，在"插入"选项卡的"图表"选项组中，单击"数据透视图"按钮，在其菜单列表选择"数据透视图"选项。

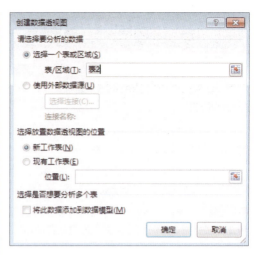

步骤 03 重命名工作表名称。将插入的新工作表进行重命名。

步骤 04 选择添加的数据字段。在"数据透视图字段"窗格中，将指定的字段添加至不同的区域选项中，随后编辑区即会显示出相应的图标。

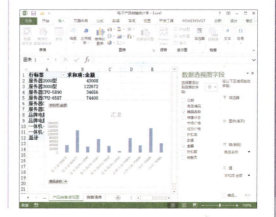

步骤 02 框选数据。在"创建数据透视图"对话框中，选取"销售清单"工作表所有数据，其后单击"新工作表"单选按钮。

综合案例｜对员工工资数据进行分析

前几章已向用户简单介绍了Excel 2013的基本操作，其中包括数据输入、数据计算、数据图表以及数据透视表/透视图的创建等。下面将以员工工资表为例，综合运用Excel相关功能，来进行创建操作。

1 输入表格数据

启动Excel 2013软件，在新建的空白工作表中根据需要输入表格数据。

步骤 01 重命名工作表。在新建的工作表中，双击工作表标签，即可对工作表进行重命名操作。

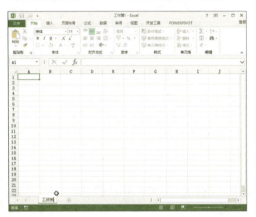

步骤 02 输入首行数据内容。选中A1单元格，输入该单元格内容，其后按照同样的方法，输入首行的其他表内容。

步骤 03 调整列宽。将光标移至L列分割线上，当光标呈双向箭头显示时，按住鼠标左键向右拖动分割线至满意位置，放开鼠标完成L列列宽的调整操作，按照同样的方法，调整M列列宽。

步骤 04 输入员工编号。选中A2和A3单元格，并输入员工编号内容。

步骤 05 填充员工编号。选中A2：A3单元格，并选中单元格右下角填充手柄按钮，按住鼠标左键不放，向下拖动该手柄至A24单元格处，释放鼠标左键，完成员工编号填充操作。

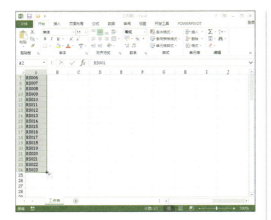

步骤 06 输入员工姓名。在B2：B24单元格区域中输入员工姓名。

步骤 07 批量输入相同内容。按住Ctrl键，选中C列多个单元格，在公式编辑栏中，输入"男"，其后按Ctrl+Enter组合键，则可快速输入被选单元格内容。

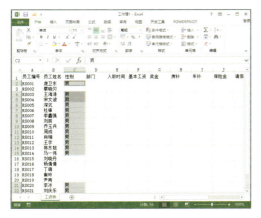

步骤 08 完成C列单元格内容输入。按照以上的方法，输入C列其他单元格内容。

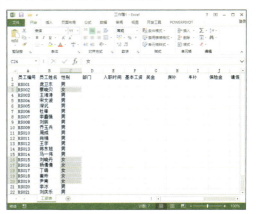

操作提示

快速定位单元格

在一些复杂的表格数据中，如果快速定位所需单元格，只需在表格左上角"名称框"中，输入单元格名称，按下Enter键，即可快速定位。若需快速定位某一特定的单元格区域，只需在"开始"选项卡的"编辑"选项组中，单击"查找和选择"按钮，选择"定位条件"选项，并在打开的对话框中，选择相应的选项即可快速定位。

步骤 09 设置数据验证。选中D2：D24单元格，单击"数据验证"按钮，打开相应对话框。将"允许"设为"序列"，其后在"来源"文本框中，输入相关数据。

步骤 10 输入数据。单击"确定"按钮，关闭对话框，单击D2单元格下拉按钮，在下拉列表中选择所需数据即可输入。

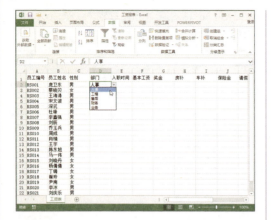

步骤 11 输入D列剩余数据。按照以上同样操作，完成D3：D24单元格数据的输入。

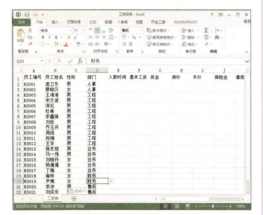

步骤 12 输入日期值。选中 E2 单元格，输入员工入职时间内容，并在"开始"选项卡中单击"数字格式"下拉按钮，选择"短日期"选项。

步骤 13 完成设置操作。选择完成后即可完成E2单元格数字格式的设置，按照同样的方法，完成E列内容的输入。

步骤 14 输入表格内容。选中表格其他单元格，并输入相应的内容。

步骤 15 添加货币符号。选中输入好的F2：K24单元格区域，打开"设置单元格格式"对话框，在"数字"选项卡中，将"分类"设为"货币"，并将"小数位数"设为0。

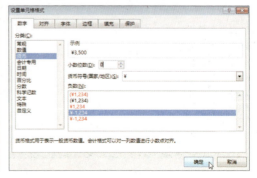

步骤 16 查看效果。设置完成后，被选中的数据已添加了货币符号。

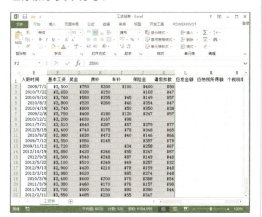

2 设置表格格式

表格内容输入完成后，可对表格外观样式进行美化设置。

步骤 01 设置文本对齐方式。全选表格，打开"设置单元格格式"对话框，在"对齐"选项卡中，将"水平对齐"和"垂直对齐"设为"居中"。

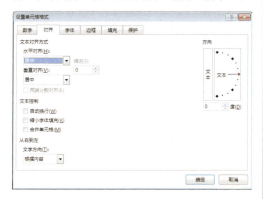

步骤 02 查看结果。单击"确定"按钮，完成对齐操作，此时表格文本的对齐方式已发生了变化。

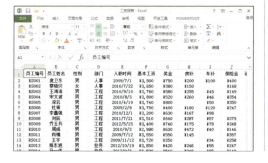

步骤 03 调整行高。全选表格，在"开始"选项卡的"格式"下拉列表中，选择"行高"选项。

步骤 04 设置行高值。在"行高"对话框中，输入行高值，设置完成后单击"确定"按钮。

步骤 05 设置首行文本格式。选择首行文本内容，在"字体"选项组中，对文本的字体、字号、字形进行设置。

步骤 06 设置表格边框。全选表格，打开"设置单元格格式"对话框，在"边框"选项卡中，对其边框线样式进行设置。

步骤07 设置表格样式。选中表格任意单元格，单击"套用表格格式"按钮，在格式列表中，选择满意的格式。

步骤08 完成样式套用。在"套用表格格式"对话框中，单击"确定"按钮，完成表格样式的套用操作。

步骤09 转换为区域。在"表格工具-设计"选项卡中，单击"转换为区域"按钮，将表格转换为普通区域。

步骤10 确认转换操作。在转换过程中，系统将给出提示信息，在此单击"确认"按钮即可。

3 计算表格数据

下面将使用Excel相关公式和函数来对表格中的数据进行计算。

步骤01 计算应发金额数据。选中L2单元格，输入"=F2+G2+H2+I2-J2-K2"公式。

步骤 02 完成计算。输入公式后按Enter键，单击单元格填充手柄，将公式复制到该列其他单元格中，完成应发金额的计算。

步骤 03 创建税率表。新建工作表，并将其工作表重命名，其后输入税率表格内容。

步骤 04 计算应纳税所得额。选中 M2 单元格，输入"=L2-2000"公式，按Enter键，得出计算结果，其后拖动填充手柄至 M24 单元格，复制公式。

步骤 05 输入计算个税率公式。选中 N2 单元格，输入"=IF（M2<=0，0，VLOOKUP（M2，税率表！$C$2：$E$10，2，TRUE））/100"。

步骤 06 得出结果。按Enter键，得出个税税率，向下拖动该单元格填充手柄，至其他单元格中，完成该列数据的填充。

步骤 07 计算速算扣除数。选中O2单元格，输入"=If（M2<=0，0，VLOOKUP（M2，税率表！$C$2：$E$10，3，TRUE））"公式。

操作提示

检测公式或函数内容

在复杂的函数运算中，难免会出现一些错误，此时可借助Excel中的"公式审核"功能进行检测和修改。用户只需在"公式"选项卡的"公式审核"选项组中，单击"错误检查"下拉按钮，选择相应的选项即可对表格中所有公式或函数进行追踪检测。

▶ 步骤 08 复制公式。按Enter键,得出计算结果,使用填充手柄,将该公式复制到该列其他单元格中。

▶ 步骤 09 计算应纳税额。选中P2单元格,输入"=M2*N2-O2"公式。

▶ 步骤 10 复制公式。按Enter键,得出结果。使用填充手柄将该公式进行复制。

▶ 步骤 11 计算实发金额。选中Q2单元格,输入"=L2-P2"公式,按Enter键,得出结果。

高手妙招

隐藏工作表

选中所需隐藏的工作表标签,单击鼠标右键,在打开的快捷菜单中,选择"隐藏"命令即可隐藏当前工作表。

▶ 步骤 12 复制公式。选中Q2单元格填充手柄,将其拖动至Q24单元格中,完成公式复制操作。

步骤13 设置数字格式。选中Q2：Q24单元格区域，打开"设置单元格格式"对话框，选中"数字"选项卡，将"小数位数"设为0。

步骤14 计算合计金额。选中Q25单元格，单击"自动求和"按钮，计算合计金额。

步骤15 计算实发最高额。选中Q26单元格，在"自动求和"下拉列表中，选择"最大值"选项。

步骤16 确定数值区域。框选Q2：Q24单元格区域，按Enter键，得出计算结果。

步骤17 计算实发最少。用同样的方法，在Q27单元格中计算"最小值"。

高手妙招

填充操作的注意事项

在上述计算过程中，我们采用了填充公式的方法来计算相应单元格中的值，默认情况下，填充时既会填充公式，又会格式，因此在完成表格的计算后，需要用户手动设置单元格的样式。

4 设置条件格式

为了使表格中的数据显示更为清晰，可对数据设置相应的条件格式。

步骤 01 启动数据条功能。选中F2: F24单元格区域，在"开始"选项卡中，单击"条件格式"下拉按钮，选择"数据条"选项，并在其级联菜单中，选择满意的填充格式。

步骤 02 查看效果。此时被选中的单元格以添加了数据条格式。

步骤 03 选择条件规则。选中Q2: Q24单元格区域，在"条件格式"列表中，选择"突出显示单元格规则"选项，其后选择"介于"选项。

步骤 04 设置条件参数。在"介于"对话框中，单击选取按钮，在Q列单元格中，选择所需参数。

步骤 05 查看结果。此时被选中的单元格区域已添加了条件格式。

步骤 06 设置条件参数。在"介于"对话框中，单击选取按钮，在Q列单元格中，选择所需参数。

5 数据排序和筛选

下面将以"部门"和"实发金额"两列数据进行排序和筛选。

步骤 01 启用自定义排序功能。选择表格任意单元格，单击"排序和筛选"按钮，选择"自定义排序"选项。

步骤05 完成自定义排序。设置后，单击"确定"按钮，完成自定义排序操作。

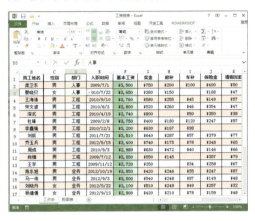

步骤02 设置排序参数。在"排序"对话框中，将"主要关键字"设为"部门"，将"排序依据"设为"数值"，将"次序"设为"升序"。

步骤06 输入筛选条件。在表格空白处输入数据筛选条件内容。

步骤03 设置"选项"参数。在该对话框中，单击"选项"按钮，在"排序选项"对话框中，单击"笔划排序"单选按钮，单击"确定"按钮，关闭对话框。

步骤07 启用高级筛选功能。打开"数据"选项卡，在"排序和筛选"选项组中，单击"高级"按钮。

步骤04 添加条件。单击"添加条件"按钮，添加排序条件。其后将"次要关键字"设为"实发金额"，将"次序"设为"降序"。

步骤08 打开"高级筛选"对话框。从中设置列表区域与条件区域，以及结果输出区域。

步骤09 完成筛选操作。单击"确定"按钮，完成数据筛选操作。

6 创建业务部工资统计图表

下面介绍公司业务部门员工工资图表的创建，其具体操作如下。

步骤01 新建工作表。单击"新工作表"按钮，新建工作表，并将其进行重命名。

步骤02 创建表格内容。在"工资表"工作表中，选中所需表格区域，单击鼠标右键选择"复制"命令，其后在新建工作表中，粘贴表格内容。

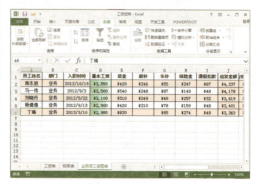

步骤03 隐藏列。选中当前工作表中的C列至P列区域，单击鼠标右键，选择"隐藏"命令，将被选单元列进行隐藏操作。

步骤04 插入柱形图表。全选表格，单击"插入柱形图"按钮，选择合适的柱形图。

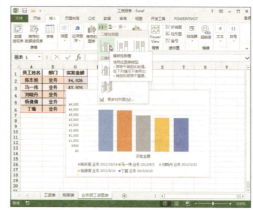

步骤 05 添加图表标题。单击图表区中的"图表标题"文本框，输入标题内容。

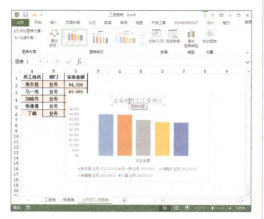

步骤 06 设置图表外观样式。选中图表，在"图表工具-设计"选项卡中，单击"图表样式"按钮，选择满意的样式。

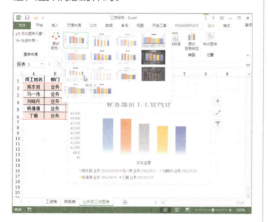

步骤 07 添加图表背景。选中图表区域，单击鼠标右键，选择"设置图表区域格式"命令，打开相应窗格。单击"图片或纹理填充"单选按钮。

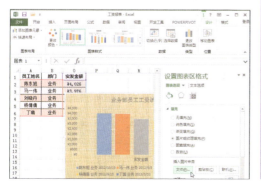

步骤 08 选择背景图片。单击"文件"按钮，在"插入图片"对话框中，选择满意的图片，单击"插入"按钮，完成图表背景图片的添加操作。

高手妙招

取消网格线显示
在"视图"选项卡的"显示"选项组中，取消勾选"网格线"复选框即可隐藏多余的网格线。

步骤 09 调整绘图区显示效果。将绘图区背景设为白色，并调整透明度。

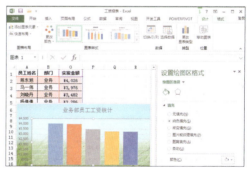

步骤 10 添加数据标签。在"图表工具-设计"选项卡中，单击"添加图标元素"按钮，在下拉列表中选择"数据标签>数据标签外"选项。

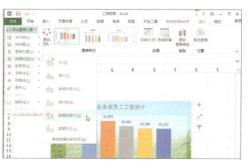

步骤11 设置数据系列间距。选中图表任意数据系列右击，选择"设置数据系列格式"命令，在打开的窗格中，设置"系列重叠"选项值。

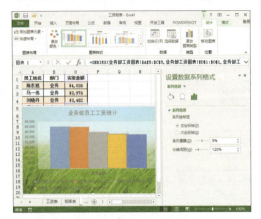

步骤12 设置图表三维格式。选中图表，打开"设置图表区格式"窗格，切换至"效果"选项卡，单击"三维格式"选项，并对其格式进行操作。

> **操作提示**
>
> **打印操作技巧**
> 如果数据透视表包含的内容很多，某一行字段占用页面较长，并形成跨页时，即使设置了"顶端标题行"，这个行字段的标签还是不能跨页打印出来。下面将介绍一种巧妙的打印操作技巧来解决上述难题。

步骤13 右击数据透视表中任意单元格，在展开的菜单中选择"数据透视表选项"选项。打开"数据透视表选项"对话框。

步骤14 在"打印"选项卡中勾选"在每一打印页面上重复行标签"复选框。单击"确定"按钮。

步骤15 在预览界面即可查看在每一页上重复打印行标签的效果。

9
Chapter
239~265

使用PPT制作普通演示文稿

PowerPoint 2013软件简称为PPT 2013，该软件是Office办公软件的一个重要组件之一。它是集文字、图形、音频、视频及动画等多媒体元素于一体的演示文稿。PPT文稿不仅可在投影仪或电脑上进行演示，也可将演示文稿打印出来，制作成胶片，以便应用到更广泛的领域中，还可在互联网上召开面对面会议，远程会议或在网上给观众展示演示文稿。本章将介绍普通演示文稿的创建与编辑操作。

本章所涉及的知识要点：

◆ 新建演示文稿　　　　◆ 输入演示文稿内容

◆ 编辑演示文稿内容　　◆ 设置幻灯片母版样式

本章内容预览：

新产品推广幻灯片封面

新产品推广幻灯片结尾

公司宣传幻灯片封面

9.1 制作新产品推广演示文稿

下面以制作新产品推广的演示文稿为例，来向用户介绍如何创建PPT普通幻灯片的制作操作过程，其中涉及的命令有：新建演示文稿、母版幻灯片设置、图片文本的添加操作等。

9.1.1 创建演示文稿

在学习制作演示文稿前，首先需学习演示文稿的创建方法，下面将介绍其具体创建步骤。

1 右键快捷菜单创建

使用右键快捷菜单的方法创建演示文稿，是最常使用的方法。

步骤01 创建演示文稿。在桌面上右击鼠标，选择"新建"命令级联列表中的"Microsoft PowerPoint演示文稿"选项。

步骤02 修改文件名称。演示文稿创建后，选择该演示文稿，按F2键修改文件名。

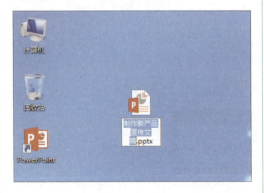

> **操作提示**
>
> **直接启动软件创建演示文稿**
> 启动PPT后直接进入编辑界面，用户在完成文档的编辑后，保存即可完成文档的创建。另外，在进行操作时，按"保存"按钮或"退出"按钮时，系统会打开"另存为"对话框，方便用户修改文件名以及选择保存路径。

步骤03 打开文件。双击该演示文稿图标，即可启动PPT，其后即可对该演示文稿进行编辑操作。

2 在打开的工作窗口中创建

在演示文稿的编辑过程中，可以随时创建新的演示文稿，方法为：单击"文件"标签，选择"新建"选项，其后单击"空白演示文稿"按钮，即可完成空白文稿的创建。

3 根据样本模板创建

PPT自带了许多模板演示文稿，用户可使用这些样板模版来进行演示文稿创建操作。

步骤01 打开"新建"选项面板。在"文件"标签下单击"新建"选项，从右侧的选项面板中选择合适的模板。

步骤02 选择模板样式。单击所需的模板样式，在弹出的面板中单击"创建"按钮。

步骤03 查看效果。在打开的模板文稿中，用户则可查看创建的模板的效果。

4 使用主题创建

除了使用样板模板创建外，用户还可使用主题模板来创建演示文稿。

步骤01 打开"新建"选项面板。在"文件"标签下的"新建"选项，单击"自定义-Document Themes"按钮。

步骤02 选择主题。在"主题8"选项下，选择满意的主题样式，在弹出的面板中单击"创建"按钮。

步骤03 查看效果。这时系统将自动以被选主题模板样式来创建演示文稿。

5 联网下载模板

　　Office网站也提供了大量实用模板，用户可根据要求下载，创建所需的演示文稿。

步骤01 选择模板类型。在"新建"选项区域的文本框中，输入模板类型关键字，单击"开始搜索"按钮。

步骤02 选择类型。在打开的模版类型列表中，选择合适的模板样式选项，单击"创建"按钮。

步骤03 查看效果。稍等片刻，则会打开刚创建的模板文稿。

9.1.2 保存演示文稿

　　文稿创建完毕，即可对演示文稿进行保存操作。

步骤01 保存文件。演示文稿创建完成后，单击操作界面左上角的"保存"按钮，或者按Ctrl+S组合键，保存该演示文稿。

步骤02 选择"另存为"选项。单击"文件"标签，选择"另存为"选项，单击"浏览"按钮。

步骤03 完成保存。在"另存为"对话框中，选择保存的路径并设置好文件名称，单击"保存"按钮即可将演示文稿保存到所需位置。

步骤 04 关闭时进行保存。单击演示文稿右上角的"关闭"按钮，系统将会弹出提示是否保存演示文稿的对话框。若单击"保存"按钮，同样可以保存演示文稿。

9.1.3 使用母版创建幻灯片背景

演示文稿的母版可为所有幻灯片设置默认的版式和样式。PPT中有3种母版类型，分别为幻灯片母版、讲义母版和备注母版。下面将介绍幻灯片母版的设置操作。

1 打开和退出幻灯片母版

下面将介绍如何打开和退出幻灯片母版视图的操作，具体如下。

步骤 01 选择相关命令。单击"视图"选项卡，在"母版视图"选项组中，单击"幻灯片母版"按钮。

步骤 02 打开母版视图。选择完成后，则会打开幻灯片母版视图，用户可以根据需要进行编辑设置操作。

步骤 03 退出幻灯片母版。幻灯片母版设置完成后，在"关闭"选项组中，单击"关闭母版视图"按钮，即可退出母版视图模式。

2 使用母版创建背景

使用母版可使演示文稿中所有幻灯片有统一的风格，例如背景、文本格式等。下面介绍使用母版创建幻灯片背景的方法。

步骤 01 设置背景格式。打开幻灯片母版视图，在"背景"选项组中，单击"背景样式"下拉按钮，选择"设置背景格式"选项。

步骤 02 选择相关选项。在打开的"设置背景格式"窗格中，单击"图片或纹理填充"按钮，其后单击"文件"按钮。

> **操作提示**
> 🔒 **复制幻灯片**
> 在幻灯片浏览视图中，选择要复制的幻灯片，按住鼠标左键不放，并同时按住 Ctrl 键，拖动幻灯片至满意位置，放开鼠标则可完成复制操作。

步骤03 选择背景图片。在"插入图片"对话框中,选择所需图片,单击"插入"按钮。

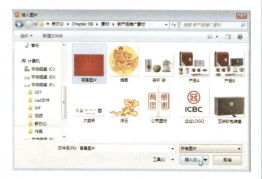

步骤04 查看效果。在"设置背景格式"窗格中,单击"关闭"按钮,完成背景的设置。

步骤05 绘制矩形。在"插入"选项卡中,单击"插图"选项组中的"形状"下拉按钮,在形状列表库中选择"矩形"选项,然后在演示文稿中绘制矩形。

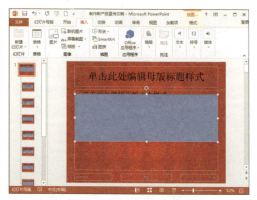

步骤06 设置矩形轮廓。在"绘图工具-格式"选项卡中,单击"形状轮廓"下拉按钮,选择"无轮廓"选项。

步骤07 设置矩形填充颜色。在"形状填充"下拉列表中,选择"白色"选项,即可更改填充颜色。

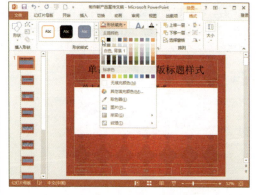

步骤08 插入产品Logo图片。在"插入"选项卡中,单击"图片"按钮,在打开的"插入图片"对话框中,选择产品Logo图片。

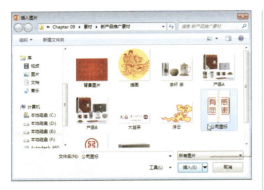

步骤09 完成图片插入。单击"插入"按钮，即可将产品Logo图片以插入到背景中。

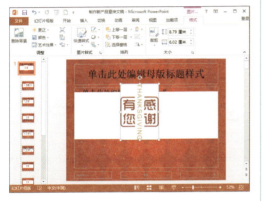

步骤10 调整图片大小。使用鼠标拖拽的方法对矩形形状和插入的图片的大小、位置进行调整，其后单击"关闭母版视图"按钮，完成幻灯片背景的设置操作。

步骤11 使用母版。单击"新建幻灯片"下拉按钮，选择需要的格式。

步骤12 最终效果。创建完成后，用户可查看到统一的演示文稿背景效果。

9.1.4 制作幻灯片封面

幻灯片背景样式设置完成后，下面将对幻灯片封面样式进行设置。

步骤01 进入母版视图。单击"视图"选项卡下的"幻灯片母版"按钮，打开母版视图。

步骤02 设置白色背景样式。在母版视图中，选择"空白"版式，单击"背景样式"下拉按钮，选择白色背景样式。

步骤03 新建封面幻灯片。退出母版视图后，在普通视图中，单击"新建幻灯片"下拉按钮，选择"空白"版式。

步骤04 移动幻灯片。选择添加的空白幻灯片，按住鼠标左键，拖动幻灯片至第1张幻灯片上方。

操作提示

隐藏幻灯片
在幻灯片浏览视图中，选择要隐藏的幻灯片，单击鼠标右键，选择"隐藏幻灯片"命令，此时在该幻灯片左上角处会显示隐藏图标，当在放映该演示文稿时，被隐藏的幻灯片是不会被放映的。
若想取消隐藏操作，只需选中隐藏的幻灯片，单击鼠标右键，再次选择"隐藏幻灯片"命令，即可取消隐藏。

步骤05 选择"矩形"形状。选择"空白"幻灯片，单击"插入"选项卡下"插图"选项组中的"矩形"选项。

步骤06 绘制矩形。选择完成后，在该幻灯片中合适位置，绘制矩形形状。

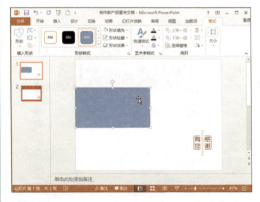

步骤07 填充图片。在"绘图工具-格式"选项卡下的"形状样式"选项组中，单击"形状填充"下拉按钮，选择"图片"选项。

步骤 08 打开"插入图片"对话框。在"插入图片"选项面板中,单击"来自文件"右侧的"浏览"按钮,打开"插入图片"对话框。

步骤 09 选择图片。在"插入图片"对话框中,选择合适的图片,单击"插入"按钮。

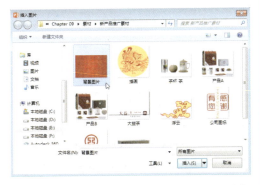

步骤 10 设置矩形轮廓。在"绘图工具-格式"选项卡下的"形状样式"选项组中,单击"形状轮廓"下拉按钮,选择"无轮廓"选项。

步骤 11 隐藏背景图形。在"设置背景格式"窗格中,勾选"隐藏背景图形"复选框,单击"关闭"按钮。

步骤 12 添加图片并调整位置。单击"图片"按钮,将Logo插入幻灯片中。选中图片,使用鼠标拖拽的方法,调整图片的大小和位置。

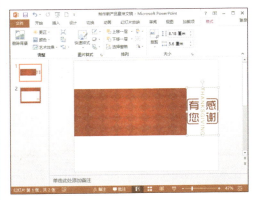

步骤 13 删除背景。再次单击"图片"按钮,将仙女图片插入到幻灯片中,其后在"图片工具-格式"选项卡中,单击"删除背景"按钮。

247

步骤14 选择区域。使用鼠标调整图片保留区域，单击"保留更改"按钮。

步骤17 查看旋转效果。图片旋转完成后，适当调整该图片的大小及位置。

步骤15 查看删除效果。此时仙女图片的背景已被完全删除。

步骤18 复制浮云图片。按住Ctrl键的同时，使用鼠标拖拽的方法，复制浮云图片。

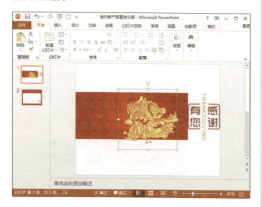

步骤16 旋转图片。插入"浮云"图片，并将其背景删除。然后选中该"浮云"图片，选中图片上方的旋转按钮，按住鼠标左键不放，拖动鼠标进行图片旋转操作，放开鼠标即可旋转该图片。

步骤19 查看效果。对浮云图片进行适当的旋转操作，即可完成复制操作。

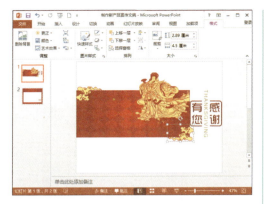

步骤 20 插入文本框。单击"插入"选项卡下的"文本框"按钮。

步骤 21 绘制文本框。在该幻灯片合适位置，拖拽鼠标左键绘制文本框区域。

步骤 22 输入文字。在文本框中，输入文字，并设置其字体、字号及字形。

9.1.5 制作幻灯片正文内容

幻灯片封面内容制作完成后，接下来将制作幻灯片的正文内容。

步骤 01 新建标题幻灯片。单击"新建幻灯片"下拉按钮，选择"标题幻灯片"选项，创建标题幻灯片。

步骤 02 选择"矩形"形状。在"形状"选项列表中，选择"矩形"选项。

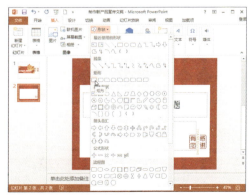

步骤03 覆盖Logo填充颜色。在产品Logo图标处，绘制矩形，并将其颜色填充为白色，将矩形覆盖住Logo图标。

步骤04 设置矩形边框。在"形状轮廓"列表中，选择"无轮廓"选项。

步骤05 插入文本框。在标题幻灯片中，删除默认文本框，单击"插入"选项卡，在"文本"选项组中，单击"文本框"下拉按钮，选择"垂直文本框"选项。

步骤06 输入文字。在幻灯片合适位置，绘制垂直文本框，并输入文本内容。

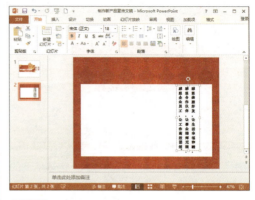

步骤07 设置文本格式。选中文本内容，将其"字体"设为"华文行楷"，将"字号"设为36号，并加粗文本，其后设置行间距为1.5倍。

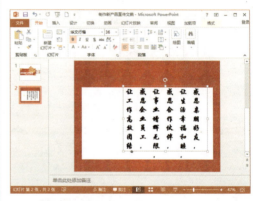

步骤08 插入图片。将产品Logo图标插入到文档左侧，此时第2张幻灯片已制作完毕。

步骤09 新建第3张幻灯片。单击"开始"选项卡下的"新建幻灯片"下拉按钮,选择"标题和内容"选项。

步骤10 插入图片。在文本占位符中,单击"图片"图标按钮。

步骤11 调整图片。在"插入图片"对话框中,选择"产品A"图片后,将其插入并调整图片的位置与大小。

步骤12 输入文本。在标题文本框处,输入文本内容,并调整文本框大小。

步骤13 查看效果。继续添加文本框并输入文字,此时第3张幻灯片内容已制作完成。

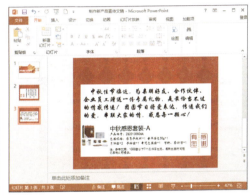

步骤14 新建第4张幻灯片。在"开始"选项卡下的"幻灯片"选项组中,单击"新建幻灯片"下拉按钮,选择"标题与内容"选项。

步骤15 插入图片。单击"图片"图标按钮,插入"产品B"图片,并调整图片大小及位置。

步骤16 插入文字。单击"插入"选项卡下的"文本框"按钮,插入文本框并输入文本内容。

步骤17 制作其他幻灯片内容。按照上述的操作方法,制作剩余的幻灯片,下图为第8张幻灯片的效果。

9.1.6 制作幻灯片结尾

下面将制作结尾幻灯片的内容。

步骤01 新建第9张幻灯片。单击"新建幻灯片"下拉按钮,选择"仅标题"选项。

步骤02 清除Logo图标。清除文本框,使用矩形清除幻灯片右下角产品Logo图标。

步骤03 添加结尾幻灯片内容。在该幻灯片中,添加相应的图片及文本内容。

9.2 制作公司宣传演示文稿

与纸质宣传稿相比，使用演示文稿来宣传，其宣传的视觉冲击力更强，宣传效果更理想。之前的实例已介绍了创建简单演示文稿的方法，下面将以制作公司宣传幻灯片为例，来向用户介绍母版幻灯片的设置操作。

9.2.1 使用母版制作幻灯片背景

下面将使用幻灯片母版功能，来对幻灯片背景样式进行设置。

步骤01 打开母版视图。启动PPT软件，新建标题幻灯片，单击"视图"选项卡中的"幻灯片母版"按钮，打开母版视图界面。

步骤02 设置填充选项。选择第1张母版幻灯片，单击"背景样式"下拉按钮，选择"设置背景格式"选项，在打开的窗格中，单击"图片或纹理填充"单选按钮后，单击"文件"按钮。

步骤03 选择背景图片。在"插入图片"对话框中，选择所需背景图片，单击"插入"按钮，完成母版背景图片的插入操作。

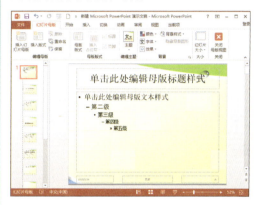

步骤04 制作页眉样式。在"插入"选项卡的"形状"下拉列表中，选择"加号"选项。

步骤05 绘制十字形状。在幻灯片左上角处，绘制十字形状，并对其填充颜色进行设置。

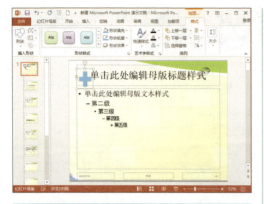

步骤07 绘制矩形。选择"形状"下拉列表中的"矩形"选项,绘制矩形,并对其形状格式进行设置。

> **高手妙招**
>
> **删除多余的幻灯片**
> 选择要删除的幻灯片,按下键盘上的Delete键,即可删除。
> 当然也可使用剪切命令进行删除,其方法为:选中要删除的幻灯片,单击鼠标右键,选择"剪切"命令,同样也可删除多余的幻灯片。

步骤08 设置形状叠加顺序。选中"加号"形状,单击鼠标右键,选择"置于顶层"命令,则可调整该形状的叠加顺序。

步骤06 绘制直线。在"形状"下拉列表中,选择"直线"选项,然后按住Shift键,绘制直线,并对其格式进行设置。

步骤09 制作页脚样式。选择"直线"和"矩形"形状,绘制页脚线,并对其格式进行设置。

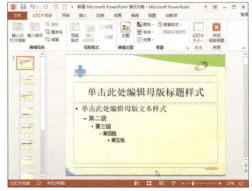

步骤 10 设置标题母版背景。在母版视图中，选中标题幻灯片，在"形状"下拉列表中，选择"矩形"形状后，绘制相应的矩形。

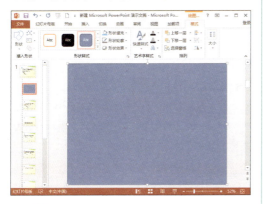

步骤 11 选择背景图片。单击"形状填充"下拉按钮，选择"图片"选项，在打开的"插入图片"对话框中，选择背景图片。

步骤 12 完成插入。单击"插入"按钮，完成标题幻灯片背景图片的插入操作。

步骤 13 查看演示文稿背景效果。关闭母版视图，新建"标题和内容"幻灯片，则可查看背景效果。

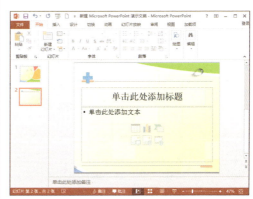

9.2.2 制作幻灯片封面

下面将对演示文稿的封面内容进行设置，具体操作如下。

步骤 01 输入标题内容。选中首张幻灯片，删除标题文本框，在"插入"选项卡中，单击"艺术字"下拉按钮，选择满意的艺术字样式，输入演示文稿标题文本。

步骤 02 设置标题文本格式。选中标题文本框，在"字体"选项组中，对文本格式进行设置。

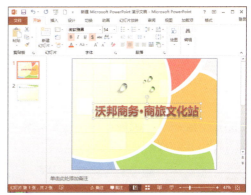

步骤 03 输入副标题。在"插入"选项卡下单击"艺术字"下拉按钮，选择合适的选项，在插入的艺术字文本框中输入副标题文本内容，其后在"字体"选项组中，对副标题文本格式进行设置。

9.2.3 制作幻灯片内容

幻灯片封面制作完毕后，接下来则需要制作幻灯片的正文内容了。

1 使用母版设置文本格式

在幻灯片母版中，若对其文本进行设置，可统一整个演示文稿中的文本样式，下面将介绍其具体操作。

步骤 01 添加艺术字样式。打开幻灯片母版视图，选择"标题和内容"母版选项，选中标题文本框，添加艺术字样式。

步骤 04 插入公司图标。在"插入"选项卡中，单击"图片"按钮，在"插入图片"对话框中，选择公司图标图片，单击"插入"按钮。

操作提示

插入图片的其他方法

在"插入图片"对话框中，选中所需图片，按住鼠标左键不放，拖动图片至幻灯片中，放开鼠标即可将该图片插入幻灯片中。使用该方法也可将网页图片插入幻灯片中。

步骤 05 调整图片位置。将插入的图标图片移至幻灯片合适位置，适当调整好图片大小，完成幻灯片封面内容的制作。

操作提示

PPT占位符介绍

PPT占位符是一种带有虚线或阴影线边缘的方框，绝大部分幻灯片版式中都有这种框。PPT占位符包含8种类型，分别为：文本占位符、图片占位符、内容占位符、表格占位符、SmartArt占位符、图表占位符、剪贴画占位符及媒体占位符。
在母版视图中，单击"插入占位符"下拉按钮，则可插入相应的占位符。

步骤 02 设置标题映像参数。选中标题文本，在"艺术字样式"选项组中，设置"映像"参数，其后将文本框移至幻灯片满意位置。

步骤 03 设置文本内容格式。在该母版幻灯片中，选中内容占位符，将"字体"设为"宋体"，"字号"设为18，然后删除页脚文本框。

步骤 04 创建第2张幻灯片。关闭母版视图，返回普通幻灯片视图。在"新建幻灯片"列表中，选择"标题和内容"选项。

步骤 05 应用文本格式。此时设置的母版格式已应用至该幻灯片中。

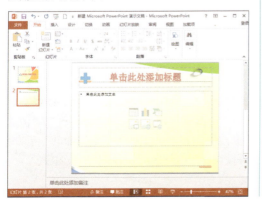

步骤 06 输入标题内容。在标题文本框中，输入该幻灯片标题文本。

步骤 07 输入内容文本。单击内容文本占位符，输入该幻灯片文本内容。

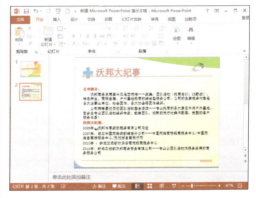

步骤 08 添加项目符号。在文本框中，选择所需添加符号的段落文本，在"段落"选项组中，单击"项目符号"下拉按钮，选择满意的符号即可添加至所选的段落。

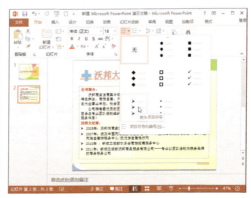

257

2 添加SmartArt图形

在幻灯片中，经常会根据内容需要添加一些SmartArt图形，下面将介绍其操作方法。

步骤01 新建第3张幻灯片。单击"新建幻灯片"下拉按钮，选择"标题和内容"选项，则可新建第3张幻灯片。

> **高手妙招**
>
> **在PPT中创建图表图形**
> 在内容占位符中，单击"插入图表"图标按钮，在打开的对话框中，选择插入的图表类型，其后在Excel表格中输入图表数据，即可完成图表的创建。

步骤02 输入幻灯片标题内容。在该幻灯片标题文本框中，输入标题内容。

步骤03 插入流程图。选中内容占位符，单击"插入SmartArt图形"图标按钮。

步骤04 选择SmartArt图形。在打开的"选择SmartArt图形"对话框中，选择满意的流程图样式。

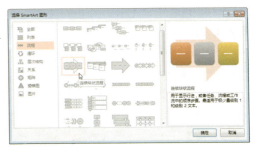

步骤05 输入流程图。单击"确定"按钮，完成流程图的插入操作，在流程图中，输入文本内容，其操作方法与Word软件中的相同。

步骤06 添加形状。单击"添加形状"下拉按钮，选择"在后面添加形状"选项即可，按照同样操作，添加其他形状，并输入文本内容。

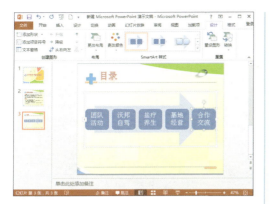

步骤 07 设置流程图外观样式。选中流程图,在"SMARTART 工具-设计"选项卡中的"SmartArt 样式"选项组中,对该流程图外观进行设置。

步骤 08 制作第4张幻灯片。新建第4张幻灯片,按照以上操作方法,插入SmartArt图形,并对其外观样式进行设置。

3 添加表格内容

在PPT中表格的设置方法与在Word文档中的设置相似,其具体操作如下:

步骤 01 新建第5张幻灯片。新建"标题和内容"幻灯片,并在该幻灯片中输入标题文本。

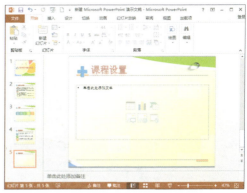

步骤 02 插入表格。在内容占位符中,单击"插入表格"图标按钮。

步骤 03 设置表格的行列数。在"插入表格"对话框中,将"列数"设为4,将"行数"设为11。

步骤 04 查看结果。单击"确定"按钮,完成表格的插入操作。

259

步骤 05 输入表格内容。选中所需单元格,输入表格内容。

步骤 06 设置表格样式。选择表格,在"表格工具-设计"选项卡的"表格样式"列表中,选择满意的表格样式。

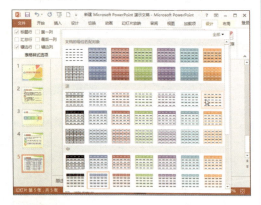

步骤 07 添加表格边框。选中表格,单击"边框"下拉按钮,选择"所有框线"选项,则可添加表格边框线。

步骤 08 设置文本对齐方式。选中表格,在"表格工具-布局"选项卡的"对齐方式"选项组中,对文本的对齐方式进行设置。

4 添加图文并茂的幻灯片内容

在幻灯片中,想要展现图文并茂的效果,可使用"文本框"或"表格"功能进行操作,下面将介绍其操作方法。

步骤 01 新建第6张幻灯片。单击"标题和内容"版式,新建第6张幻灯片。

步骤 02 创建2行3列表格。在该幻灯片中，输入标题内容，并单击"插入表格"图标按钮，插入2行3列的表格。

高手妙招

PPT表格设置方法

PPT中的表格设置方法与在Word中的设置方法相同。两者都可在"表格工具"选项卡中，对其相关选项进行设置。

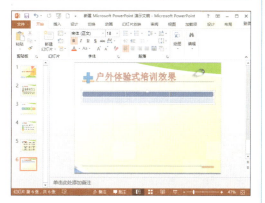

步骤 03 设置表格框线。全选表格，单击"表格工具–设计"选项卡下的"边框"下拉按钮，选择"无框线"选项，则可隐藏表格框线。

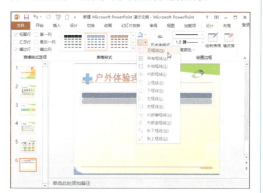

步骤 04 输入表格文本内容。选中第2行首个单元格，输入文本内容。

步骤 05 输入其他单元格内容。在其他表格单元格中，输入文本内容。

步骤 06 调整首行行高。选中表格首个单元格，多次按回车键，调整该行的行高。

步骤 07 插入图片。单击"插入"选项卡的"图片"按钮，在打开的"插入图片"对话框中，选择需要插入的图片。

步骤 08 调整图片位置。单击"插入"按钮,插入图片。其后选中图片,将其移动至表格首个单元格中。

步骤 09 插入其他图片。单击"图片"按钮,插入其他两张图片,并将插入的图片移至表格相应的单元格中。

步骤 10 设置表格样式。选中表格边框,在"表格样式"下拉列表中,选择满意的表格样式。

步骤 11 查看表格样式。选择后,即可完成表格样式的设置操作。

步骤 12 创建第7张幻灯片。创建第7张幻灯片,并输入幻灯片内容。

步骤 13 移动幻灯片。打开幻灯片浏览视图,选中第7张幻灯片,按住鼠标左键不放,拖动该幻灯片至第5~6张幻灯片之间。

步骤 14 创建第8张幻灯片。单击"新建幻灯片"下拉按钮,选择"仅标题"幻灯片版式。

步骤 15 插入幻灯片图片。在该幻灯片中,输入标题内容,单击"格式刷"按钮,将其他幻灯片标题格式复制到该标题上,其后插入相关图片,并对其进行排列。

步骤 16 插入关系图。单击SmartArt按钮,在"选择SmartArt图形"对话框中,选择所需的关系图样式,并将其插入演示文稿中。

步骤 17 输入文本。选中插入的SmartArt关系图,输入相应的文本。

步骤 18 设置关系图格式。选中SmartArt关系图,在"SMARTART工具-设计"选项卡的"SmartArt样式"选项组中,对SmartArt关系图的格式进行相关设置。

步骤 19 新建第9张幻灯片。在"新建幻灯片"列表中,选择"仅标题"幻灯片母版,并设置好标题内容。

263

步骤20 设置幻灯片内容。按照以上操作，添加该幻灯片内容，并对其格式进行设置。

9.2.4 制作幻灯片结尾

幻灯片内容制作完成后，接下来制作幻灯片的结尾内容。

步骤01 设置空白母版幻灯片。打开幻灯片母版视图，选中空白母版幻灯片，单击"背景样式"按钮，将其背景设为白色。

步骤02 清除页眉页脚样式。绘制矩形，并将其颜色填充为白色，将其覆盖住幻灯片的页眉页脚，使其背景为纯白色。

> **操作提示**
>
> **使用主题功能设置幻灯片效果**
>
> 在PPT中，单击"设计"选项卡，在"主题"选项组中，用户可选择幻灯片主题样式，来设置演示文稿外观效果。若内置的主题样式不满意，用户可单击颜色、字体及效果下拉按钮，自定义幻灯片主题样式。

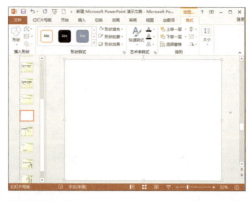

步骤03 创建第10张幻灯片。在"新建幻灯片"下拉列表中，选择"空白"版式，创建第10张幻灯片。

步骤04 绘制形状图形。单击"形状"下拉按钮，选择"五边形"和"燕尾型"形状选项，绘制图形，并调整好其大小及位置。

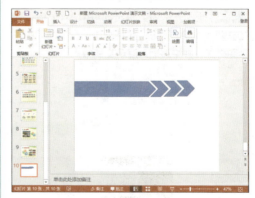

步骤05 插入图片。单击"插入图片"图标按钮,插入相应的图片,并将其放置在绘制的形状上。

步骤06 插入艺术字。单击"艺术字"下拉按钮,选择满意的艺术字样式,并插入到演示文稿中,其后输入文本内容,并对文本格式进行设置。

步骤07 设置形状颜色。选中绘制的形状图形,单击"形状填充"下拉按钮,选择满意的填充颜色。

步骤08 复制颜色。选中设置颜色的形状,单击"格式刷"按钮,复制形状颜色。

步骤09 创建第11张幻灯片。在"新建幻灯片"下拉列表中选择"标题幻灯片"选项。

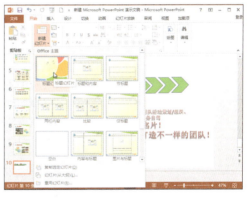

步骤10 添加文本内容。在添加的标题幻灯片中,输入文本内容,并对文本格式进行设置。

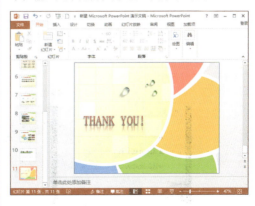

Chapter 10

266~288

使用PPT制作动感演示文稿

上一章节已向用户介绍了如何使用PPT软件制作静态演示文稿的操作。由于静态演示文稿看上去较为单调，所以在静态演示文稿中适当的添加一些动态元素，可丰富演示文稿内容，同时也可增加演示文稿的可读性。本章将介绍动态演示文稿的制作方法，其中涉及到的操作命令有：音频、视频的添加，动作按钮的添加，幻灯片效果的切换，动画效果的添加与编辑等。

本章所涉及的知识要点：

◆ 设置幻灯片的超链接　　◆ 添加幻灯片音频文件

◆ 添加幻灯片视频文件　　◆ 设置幻灯片动画效果

◆ 设置幻灯片的切换效果

本章内容预览：

添加幻灯片的超链接

添加幻灯片音频文件

制作动感演示文稿

10.1 制作培训课件文稿

对于教师或培训师来说，使用PPT制作课件或教程之类的文稿是常有的事。在这些课件文稿中经常需要添加一些音频或视频文件。下面将以制作AutoCAD 2013入门教程为例，来介绍在演示文稿中添加音频或视频文件的操作。

10.1.1 为幻灯片添加超链接

在幻灯片中，单击超链接文本后，系统会自动跳转至相关幻灯片，从而能够快速阅览所需的信息内容。下面将介绍幻灯片的超链接操作。

1 添加幻灯片内部链接

在演示文稿内设置超链接，可以快速从一个幻灯片跳转到另一个幻灯片中。下面将以"AutoCAD 2013 入门课件"素材为例，来介绍具体链接方法。

步骤01 选择相关链接文本。在打开的素材文档中，选择第2张幻灯片，并选中"AutoCAD 2013新功能的介绍"文本。

步骤02 启用超链接功能。在"插入"选项卡的"链接"选项组中，单击"超链接"按钮。

步骤03 选择链接位置。在"插入超链接"对话框中的"链接到"列表框中，选择"本文档中的位置"选项。

步骤04 选择链接文本。在"请选择文档中的位置"列表框中，选择要链接到的幻灯片，这里选择第4张幻灯片选项，此时在"幻灯片预览"框中，显示该链接的幻灯片。

高手妙招

使用鼠标右键启用超链接功能

除了使用功能区中的链接按钮，打开"插入超链接"对话框外，还可以使用鼠标右键启动该功能，其方法为：选中所需文本，单击鼠标右键，选择"超链接"命令，即可打开相应的对话框，并对其链接参数进行设置。

步骤 05 完成链接操作。单击"确定"按钮，关闭该对话框。此时被选中的文本已添加了下划线，其文本颜色也发生了相应的变化。

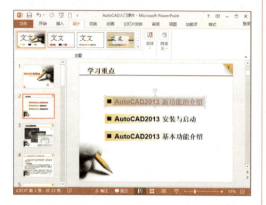

步骤 06 查看链接效果。按F5快捷键放映该演示文稿，将光标放置链接文本上，此时光标已变成手指形状，单击该文本即可跳转至链接的幻灯片中。

步骤 07 设置其他文本链接。在该幻灯片中，选中其他两行文本，并按照上述操作，进行文本链接设置。

2 添加幻灯片外部链接

若想将当前演示文稿中的文本链接至其他文件或网页中，可通过以下方法进行设置。

步骤 01 选择所需文本。在演示文稿中，选中要添加链接的文本内容，单击"超链接"按钮，打开"插入超链接"对话框。

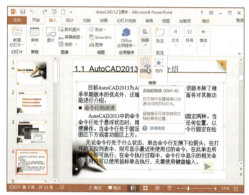

步骤 02 选择链接位置。在"链接到"列表框中，选择"现有文件或网页"选项。

步骤 03 选择链接到的文件。在"查找范围"文本框中，选择要链接到的文件所在位置，并在其列表框中，选择相应的文件。

步骤 04 完成链接设置。单击"确定"按钮，完成链接设置。按F5键放映演示文稿后，单击该链接项即可跳转至相关文件中。

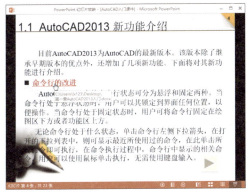

步骤 05 链接到网页。在该演示文稿中，选择所需链接的文本，打开"插入超链接"对话框，将"链接到"设为"现有文件或网页"，其后在"地址"文本框中，输入链接到的网址。

步骤 06 完成网页链接设置。单击"确定"按钮，完成链接设置。按F5键放映该演示文稿，单击所需链接项即可跳转至相关网页。

3 设置超链接格式

超链接设置完成后，其字体的颜色会自动发生变化，用户可使用"新建主题颜色"功能，对超链接的字体颜色进行设置。

步骤 01 打开"新建主题颜色"对话框。单击"设计"选项卡，在"主题"选项组中，单击"变体－颜色"下拉按钮，选择"自定义颜色"选项。

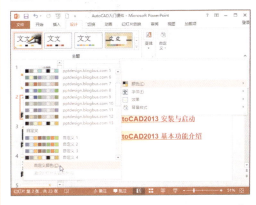

步骤 02 设置超链接颜色。在"新建主题颜色"对话框中，单击"超链接"下拉按钮，选择满意的字体颜色。

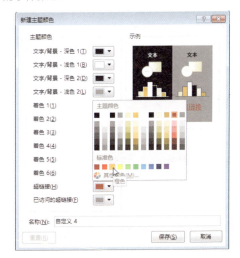

步骤 03 设置已访问链接颜色。在该对话框中，单击"已访问的超链接"下拉按钮，选择满意的字体颜色。

操作提示

取消超链接操作

若想清除文本链接操作，可将光标移至所需链接项上，打开"插入超链接"对话框，单击"删除链接"按钮，则可取消超链接。当然用户也可使用鼠标右键的方法清除链接，其方法为：选中所需链接项，单击鼠标右键，选择"取消超链接"命令，可快速清除链接设置。

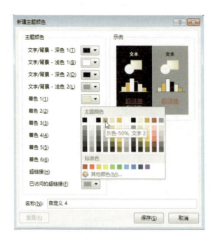

步骤02 打开相应对话框。选择完成后,在幻灯片右下角,绘制该动作按钮形状,其后系统将自动打开"操作设置"对话框。

步骤04 完成设置。单击"保存"按钮,关闭对话框。此时在演示文稿中,链接项的文本颜色已发生了相应的变化。

步骤03 设置动作参数。在"单击鼠标"选项卡的"单击鼠标时的动作"选项区域中,选择"超链接到"单选按钮,并在其下拉列表中,选择链接到的位置。

4 添加动作链接

超链接除了可在文本上进行设置外,还可在图形形状上进行设置,其方法如下。

步骤01 选择动作按钮形状。选择该文稿首张幻灯片,单击"插入"按钮,在"形状"下拉列表中,选择满意的动作按钮形状。

> **操作提示**
>
> **将文本链接至邮箱页面**
> 除了将文本链接至其他文件或网页外,还可将其链接至邮箱页面,其方法为:选中所需链接文本,打开"插入超链接"对话框,在"链接到"列表框中,选择"电子邮件地址"选项,其后在"电子邮件地址"文本框中,输入邮件地址,此时系统将自动在输入地址的起始位置,添加"Mailto:",单击"确定"按钮完成设置。

步骤04 设置播放声音。在该对话框中，勾选"播放声音"复选框，其后在其下拉列表中，选择满意的声音选项，即可设置动作声音。

步骤05 完成设置。单击"确定"按钮，完成添加操作。按F5键放映幻灯片，将光标移至该动作按钮上，光标则会以手指形状显示，单击该按钮，则会跳转至下一张幻灯片。

步骤06 设置动作按钮外观样式。选中动作按钮，在"绘图工具-格式"选项卡的"形状样式"列表中，选择满意的形状选项，即可更改其外观样式。

高手妙招

使用动作按钮链接至其他文件

选中动作按钮，在"格式"选项卡的"链接"选项组中，单击"动作"按钮，打开"动作设置"对话框。单击"超链接"单选按钮，并在其下拉列表中，选择"其他文件"选项，在"超链接到其他文件"对话框中，选择要链接到的文件，单击"确定"按钮，完成链接操作。

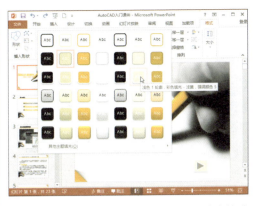

步骤07 复制动作按钮。选中首张幻灯片中的动作按钮，使用Ctrl+C和Ctrl+V组合键，将其粘贴至第2张幻灯片中。

步骤08 制作其他动作按钮。应用复制粘贴的方法，将动作按钮分别粘贴至其他幻灯片中（最后一张幻灯片除外）。

10.1.2 添加与编辑音频文件

为了使幻灯片更有吸引力，常常会为其添加一些音频文件。下面将介绍如何在幻灯片中添加和编辑音频文件。

1 添加音频文件

在PPT 2013中，插入音频文件可分为三种，分别为：文件中的音频、剪贴画音频以及录制音频。下面将分别对其操作方法进行介绍。

步骤01 插入文件中的音频。选中首张幻灯片，在"插入"选项卡的"媒体"选项组中，单击"音频"下拉按钮，选择"PC上的音频"选项。

步骤 02 选择音频文件。在"插入音频"对话框中，选择要添加的音频文件。

步骤 03 完成音频文件的插入。单击"插入"按钮，稍等片刻即可在该幻灯片中显示音频播放器。

步骤 04 播放音频文件。在音频播放器中，单击"播放"按钮，即可播放音频。

步骤 05 插入录制音频。在"音频"列表中，选择"录制音频"选项。

步骤 06 录制声音。在"录制声音"对话框中，单击"录制"按钮，此时用户可进行录音操作，录制后，单击"停止"按钮，完成录音。

步骤 07 完成录制音频文件的插入操作。单击"确定"按钮，稍待片刻即可在幻灯片中显示音频播放器。

2 编辑音频文件

　　插入的音频文件是可根据用户需要进行编辑的，下面将介绍其具体方法。

步骤01 应用"剪裁音频"功能。选中添加的音频文件，单击"音频工具-播放"选项卡中的"剪裁音频"按钮。

步骤02 剪辑音频。在"剪裁音频"对话框中，选中音频进度条上的滑块，按住鼠标左键不放，拖动鼠标至满意位置，放开鼠标即可对当前音频进行剪辑操作。

步骤03 试听音频。音频剪辑完成后，单击"播放"按钮，则可对该音频进行试听操作。

步骤04 设置音频播放类型。在"音频工具-播放"选项卡的"音频选项"选项组中，勾选"跨幻灯片播放"复选框，即可设置音频的播放类型。

步骤05 隐藏音频播放器。在"音频选项"选项组中，勾选"放映时隐藏"复选框，则可隐藏播放器。

操作提示

设置音频播放音量

在"音频选项"选项组中，单击"音量"下拉按钮，勾选满意的音量选项，则可完成音频音量的设置。

步骤06 设置"书签"选项。播放音频文件，在"音频工具-播放"选项卡的"书签"选项组中，单击"添加书签"按钮。

步骤07 添加音频书签。选择后,在播放器进度条中,则会显示一个圆圈。

步骤08 删除书签。在"书签"选项组中,单击"删除书签"按钮,则可删除音频书签。

步骤09 设置音频格式。选中音频图标,在"音频工具-格式"选项卡的"图片样式"选项组中,选择满意的音频格式。

步骤10 设置其他音频格式选项。用户也可在"调整""排列"和"大小"选项组中,对音频样式进行相关设置。

10.1.3 添加与编辑视频文件

视频文件的设置方法与音频文件相似,下面将介绍其具体操作方法。

1 添加视频文件

在PPT 2013中,插入的视频文件也分为两种类型,分别为联机视频和PC上的视频,下面介绍添加视频文件的操作方法。

步骤01 插入新幻灯片。选中第13张幻灯片,单击"新建幻灯片"下拉按钮,选择"标题和内容"选项,新建幻灯片。

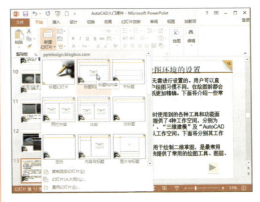

步骤02 单击相关图标按钮。适当调整幻灯片版式,单击"插入视频文件"图标按钮。

步骤03 选择插入的视频文件。在"插入视频文件"对话框中,选择要插入的视频。

步骤 04 完成视频的插入。单击"插入"按钮，此时在当前幻灯片中，即可显示插入的视频。

步骤 05 播放视频。在视频播放器中，单击"播放"按钮，则可播放该视频。

步骤 06 新建幻灯片。选中第21张幻灯片，单击"新建幻灯片"下拉按钮，选择"标题和内容"选项，新建幻灯片，并适当调整好版式。

步骤 07 插入视频。在"插入"选项卡的"媒体"选项组中，单击"视频"下拉按钮，选择"PC上的视频"选项。

步骤 08 插入视频。在打开的"插入视频文件"对话框中，选择所需视频文件，单击"插入"按钮，即可完成视频文件的插入操作。

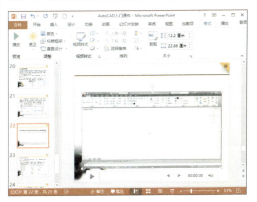

2 编辑视频文件

插入视频文件后，用户可根据需要对其进行编辑操作，其方法如下：

步骤 01 剪辑视频。选中视频文件，在"视频工具-播放"选项卡的"编辑"选项组中，单击"剪裁视频"按钮。

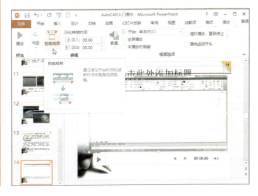

步骤02 设置剪辑选项。在"剪裁视频"对话框中，将光标移至进度条的滑块上，拖动滑块即可对当前视频进行剪辑。

步骤03 设置视频选项。选中视频，在"视频选项"选项组中，用户可对视频的"音量""播放类型""播放方式"等选项进行设置。

> **操作提示**
>
> **设置视频标牌框架**
>
> 插入视频文件后，视频画面则会显示第1帧的画面，但也许该画面不能很好的体现视频内容，此时则需要使用"标牌框架"功能，在视频中，选择要显示的画面，在"调整"选项组中，单击"标牌框架"按钮，并选择"当前框架"命令，此时被选中的画面已成为视频静止画面了。

步骤04 设置淡化持续时间。在"编辑"选项组中的"淡化持续时间"选项区域中，用户可设置视频"淡入"和"淡出"时间值。

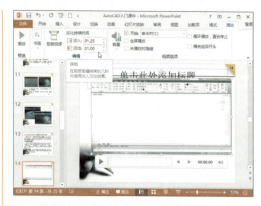

步骤05 设置视频外观样式。选中视频文件，在"视频工具-格式"选项卡的"视频样式"选项组中，选择满意的外观样式。

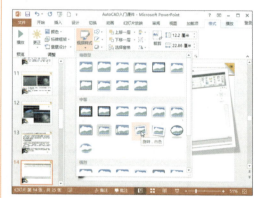

步骤06 查看效果。选择完成后，被选中的视频文件外观已发生了变化。

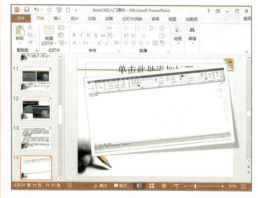

步骤07 设置视频边框颜色。在"视频样式"选项组中，单击"视频边框"下拉按钮，选择边框颜色，则可更改视频的边框颜色。

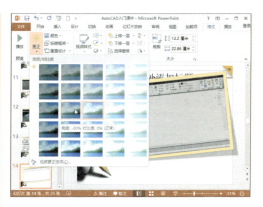

步骤08 设置视频亮度和对比度。在"调整"选项组中，单击"更正"下拉按钮，选择满意选项，即可更改视频画面的对比度和亮度。

10.2 制作动感产品宣传演示文稿

以上介绍的是如何在演示文稿中添加音频和视频文件。下面将以新产品推广演示文稿为例，来介绍如何将静态的演示文稿转化为动态演示文稿。本实例涉及到的主要命令有两种，分别为：设置幻灯片动画效果和设置幻灯片切换效果。

10.2.1 设置封面幻灯片动画效果

封面动画好比是敲门砖，设计地精彩，可以增强人们对该演示文稿的观看兴趣。

1 动画类型介绍

PPT动画效果大致可分为四种，分别为：进入动画、强调动画、退出动画以及路径动画。

（1）进入动画

该动画可将文本或其他图形以出现、淡入、浮入等方式显示在幻灯片中。用户只需在"动画"选项选项列表中的"进入"选项区域中，选择进入动画效果选项即可。

（2）强调动画

添加该动画效果后，放映动画时，对象显示在幻灯片中，并以脉冲、螺旋、跷跷板等方式，来强调该对象，其主要作用是为了在幻灯片中突出该对象。用户只需在"动画"选项列表中的"强调"选项区域中，选择满意的效果即可。

操作提示

更改动画显示方式

在动画列表中，某些动画效果的显示方式是可根据需要进行更改的。用户只需选中某一种动画效果，其后单击"效果选项"下拉按钮，在其列表中，选择满意的显示方式即可。

（3）退出动画

该动画可将对象以飞出、消失、淡出等方式从幻灯片中消失。用户只需在"动画"选项列表的"退出"选项区域中，选择满意的效果即可。

（4）路径动画

添加该动画后，幻灯片中的对象则会以默认的路径方式进行运动。当然用户也可自定义动画路径。在"动画"选项列表的"运动路径"选项区域中，选择满意的路径选项即可。

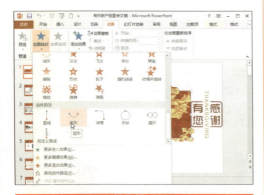

操作提示

设置更多动画效果

在"动画"列表中，除了选择默认的效果选项外，还可设置其他更多的效果。用户只需根据需要，选择"更多***效果"选项，并在打开的对话框中，选择其他动画效果即可。

❷ 添加封面幻灯片动画

下面将介绍添加封面幻灯片动画的操作。

步骤01 选择矩形。打开"产品宣传文稿.pptx"素材文稿，选择封面幻灯片中的矩形形状。

步骤02 添加飞入动画效果。单击"动画"选项卡，在"动画"选项列表中，选择"进入"选项区域中的"飞入"效果。

步骤03 查看效果。单击"动画"选项卡的"预览"按钮，即可预览该动画效果。

步骤 04 设置效果选项。同样选中矩形形状,在"动画"选项组中,单击"效果选项"下拉按钮,在其下拉列表中选择"自左侧"选项。

步骤 05 查看效果。单击"预览"按钮,此时矩形则从左侧飞入幻灯片中。

步骤 06 显示动画序号。此时在矩形左上角会显示相关的动画序号,这里显示为1。

步骤 07 继续添加动画效果。在该幻灯片中,选中产品商标图形。

步骤 08 添加缩放动画。在"动画"下拉列表的"进入"选项区域中,选择"缩放"动画效果。

步骤 09 查看效果。单击"预览"按钮,则可查看商标图形的缩放效果,此时在图形左上角处则会显示序号2。

步骤10 添加浮入动画。在幻灯片中，选择仙女图形，在"动画"下拉列表中，选择"进入"选项区域中的"浮入"效果。

步骤11 设置效果选项。同样选中仙女图形，单击"效果选项"下拉按钮，选择"下浮"选项。

步骤12 查看设置效果。选择完成后，在图形左上角处则会显示序号3，其后单击"预览"按钮，系统将自动按照动画序号，依次播放所有动画效果。

步骤13 添加文本动画。在幻灯片中，选中标题文本框，在"动画"下拉列表中，选择"飞入"效果，其后在"效果选项"下拉列表中，选择"自左侧"选项，单击"预览"按钮，则可查看其效果。

步骤14 设置副标题动画。按照上一步的操作，选中副标题文本，为其设置同样的动画效果。

步骤15 为浮云图形添加动画效果。选择幻灯片中的浮云图形，在"动画"下拉列表中，选择"形状"效果，其后在"效果选项"下拉列表中，选择"缩小"选项。

步骤16 预览动画效果。单击"预览"按钮，此时系统将按照显示的动画序号，自行播放该幻灯片中所有的动画。

❸ 编辑动画效果

动画添加完成后，用户需要对一些动画参数进行必要的设置。例如设置动画播放顺序、持续时间等。

步骤01 打开动画窗格。在"动画"选项卡的"高级动画"选项组中,单击"动画窗格"按钮,则可启动该窗格。

步骤02 选择计时选项。在该窗格中,选择"矩形1"选项,并单击该选项后的下拉按钮,选择"计时"选项。

步骤03 设置持续时间。在"飞入"对话框中,单击"期间"下拉按钮,选择"中速(2秒)"选项。

步骤04 查看效果。单击"确定"按钮,完成矩形"持续时间"的设置,单击"播放"按钮,即可预览效果。

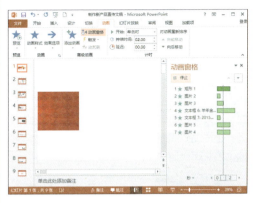

步骤05 设置"图片2"计时参数。单击"图片2"下拉按钮,选择"计时"选项,在"缩放"对话框中,将"开始"设为"与上一动画同时",将"期间"设为"中速(2秒)"。

步骤06 设置延迟时间。在"动画"选项卡的"计时"选项组中,单击"延迟"数值框,并输入延迟时间值,则可完成设置。

高手妙招

拖拽进度条设置延迟参数

除了在"计时"选项组中，设置延迟时间外，也可使用拖拽进度条的方法设置延迟时间，其方法为：将光标移至所需进度条上，按住鼠标左键不放，当光标为双向箭头 ↔ 时，拖拽光标至满意位置，放开鼠标则可完成设置。

步骤07 设置"图片3"计时参数。在"动画窗格"中，单击"图片3"下拉按钮，选择"计时"选项，在"下浮"对话框中，将"开始"设为"上一动画同时"选项，将"期间"设为"中速（2秒）"。

步骤10 设置副标题计时参数。选择"文本框7"选项，同样打开"飞入"对话框，并将其按照下图所示的参数进行设置。

步骤08 调整动画顺序。在"动画窗格"中，选择"图片4"选项，单击窗格下方"向上"按钮，即可向上调整该动画的位置，直到移至"图片5"上方为止。

步骤11 设置浮云计时参数。选中"图片4"和"图片5"选项，并对其计数参数进行设置。

步骤09 设置标题计时参数。选择"文本框6"动画，打开"飞入"对话框，将"开始"设为"与上一动画同时"，其后将"延迟"设为1，将"期间"设为"中速（2秒）"。

步骤12 查看最终动画效果。在动画窗格中，设置完所有动画参数后，单击"全部播放"按钮，则可预览该幻灯片最终效果。

10.2.2 设置正文幻灯片动画效果

封面幻灯片动画设置完成后，下面将对正文幻灯片动画进行设置操作。

步骤 01 复制仙女图片。选择第2张幻灯片，在首张幻灯片中复制仙女图片至该幻灯片中，并将其移至合适位置。

步骤 02 设置图片排序位置。选中仙女图片，单击鼠标右键，选择"置于底层"命令，并在其级联菜单中，选择"置于底层"选项。

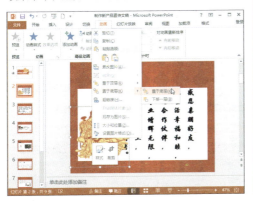

步骤 03 查看设置效果。选择完成后，仙女图片已移至商标图片下方。

步骤 04 添加仙女图片动画效果。选中仙女图片，在"动画"下拉列表中，选择"飞入"效果，并将"效果选项"设为"自右上部"选项。

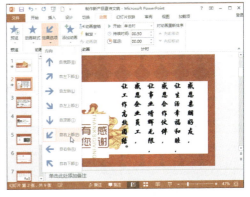

步骤 05 添加第2个动画效果。同样选择仙女图片，在"动画"选项卡的"高级动画"选项组中，单击"添加动画"下拉按钮，选择"退出"选项区域中的"浮出"选项。

步骤06 添加文本动画。选中需添加动画的文本框，在"动画"下拉列表中，选择"飞入"选项。

> **高手妙招**
>
> **使用动画刷复制动画**
> 通过动画刷复制动画效果是最快捷、最有效的方法。通常是在同一幻灯片中添加多个动画效果时最有用。其方法为：选择所要复制的动画对象，在"动画"选项卡的"高级动画"选项组中，单击"动画刷"按钮，则可将被选的动画复制到目标对象上。

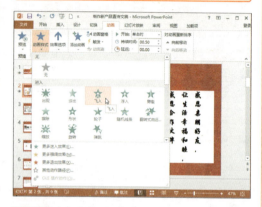

步骤07 打开"飞入"对话框。选中内容文本框，单击"动画"选项组的对话框启动按钮，打开"飞入"对话框。

步骤08 设置文本动画方式。单击"效果"选项卡，在"增强"选项下，单击"动画文本"下拉按钮，选择"按字/词"选项。

步骤09 设置延迟百分比。在"动画文本"选项下，输入"延迟百分比"值，这里设为50。

步骤10 查看设置效果。单击"确定"按钮，关闭该对话框，在该幻灯片中则可查看设置效果。

步骤11 设置商标图片动画。选中商标图片，在"动画"下拉列表中，选择"淡出"动画效果。

步骤 12 设置幻灯片动画参数。打开"动画窗格"窗格，对该幻灯片中所有动画参数进行设置。

步骤 13 查看设置效果。单击"播放"按钮，则可查看该幻灯片中所有动画效果。

步骤 14 添加第3张幻灯片的动画效果。选中第3张幻灯片，选中内容文本框，并为其添加"随机线条"动画效果。

步骤 15 添加其他动画效果。按照上一步同样的操作，添加该幻灯片中剩余图片及文本动画效果。

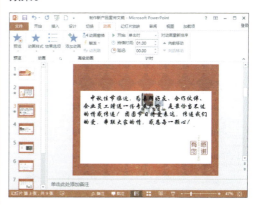

步骤 16 设置动画参数。打开"动画窗格"窗格，对其动画参数进行相应的设置。

步骤 17 查看最终幻灯片动画效果。单击"全部播放"按钮，则可查看该幻灯片最终动画效果。

步骤 02 添加文本动画效果。选中文本框,将其动画效果设为"浮入",单击"预览"按钮,预览该动画。

步骤 18 设置其他幻灯片动画。按照以上添加并编辑动画的方法,设置剩余幻灯片动画效果,下图为第8张幻灯片动画效果。

步骤 03 设置动画结尾参数。打开"动画窗格"窗格,对该幻灯片中的动画计时参数进行相应的设置。

10.2.3 设置幻灯片结尾动画效果

相对来说幻灯片结尾制作较为简单,通常都以"谢谢观赏"字样结束,下面将对幻灯片结尾添加动画效果。

步骤 01 添加结尾动画效果。在结尾幻灯片中,选中商标图形,在"动画"下拉列表中,选择"缩放"效果,单击"预览"按钮查看效果。

步骤 04 查看效果。在动画窗格中,单击"播放"按钮,则可查看该幻灯片动画效果。

10.2.4 设置演示文稿切换效果

演示文稿动画设置完成后,用户可为该演示文稿的幻灯片添加切换效果,让整个演示文稿内容看起来更加丰富。

1 添加幻灯片切换效果

想要在演示文稿中添加切换效果,可在"切换"选项卡中进行相关设置。

步骤 01 添加百叶窗切换效果。选择首张幻灯片,单击"切换"选项卡,在"切换到此幻灯片"下拉列表中,选择"百叶窗"效果。

步骤 02 查看切换效果。单击"切换"选项卡的"预览"按钮,则可预览该幻灯片切换效果。

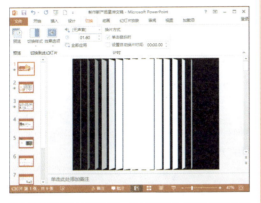

步骤 03 设置效果选项。在"切换"选项卡的"切换到此幻灯片"选项组中,单击"效果选项"下拉按钮,并在其列表中选择"水平"选项,即可更改效果显示方式。

步骤 04 添加第2张幻灯片切换效果。选择第2张幻灯片,在"切换到此幻灯片"列表中,选择"蜂巢"效果。

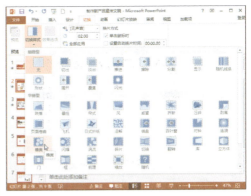

步骤 05 查看预览效果。单击"预览"按钮,则可查看该幻灯片切换效果。

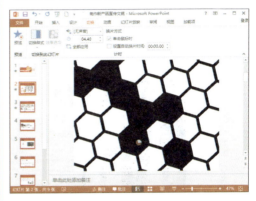

步骤 06 添加第3张幻灯片切换效果。选择第3张幻灯片,将切换效果设置为"门"效果。

步骤 07 预览设置效果。单击"预览"按钮,则可预览该幻灯片的切换效果。

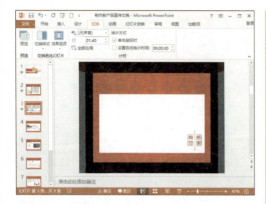

步骤 08 设置其他幻灯片切换效果。按照以上相同的方法，设置演示文稿中剩余幻灯片的切换效果，下图为第9张幻灯片的切换效果。

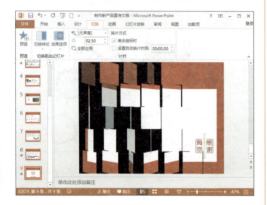

2 编辑幻灯片切换效果

切换效果添加完毕后，用户可根据需要对其效果参数进行设置。

步骤 01 设置幻灯片封面切换声音。选中封面幻灯片，在"切换"选项卡的"计时"选项组中，单击"声音"下拉按钮，选择满意的声音选项。

步骤 02 设置持续时间。在"计时"选项组中，单击"持续时间"数值框，并输入时间值。

高手妙招

添加电脑保存的切换声音

在设置切换声音时，如果默认的声音选项无法满足需求，用户可添加自己保存的切换声音。其方法为：单击"声音"下拉按钮，在其列表中选择"其他声音"选项，在"添加音频"对话框中，选择要添加的声音选项，则可将其应用至幻灯片切换效果中。

步骤 03 设置换片方式。在"计时"选项组中的"换片方式"选项区域中，用户可选择幻灯片的换片方式。

步骤 04 为演示文稿设置相同切换效果。用户可对每张幻灯片设置不同切换效果，也可将演示文稿设为相同的切换效果。选择某一张幻灯片效果，在"计时"选项组中，单击"全部应用"按钮。

Chapter 11

289~312

使用PPT放映演示文稿

演示文稿制作完毕后，用户可根据需要对该演示文稿进行打印或播放操作。在PowerPoint 2013中，用户可对幻灯片的放映类型进行设置，也可以自定义放映方式，还可以在不打开演示文稿的情况下直接放映。本章将介绍演示文稿的放映操作。通过对本章内容的学习，相信用户能够根据实际的放映需要，轻松自如地对幻灯片进行放映操作。

本章所涉及到的知识要点：

- ◆ 设置幻灯片放映方式
- ◆ 设置幻灯片放映时间
- ◆ 放映幻灯片
- ◆ 打包/发布幻灯片

本章内容预览：

将演示文稿输出成PDF格式

制作礼仪常识演示文稿

放映幻灯片

11.1 放映公司宣传演示文稿

在前面章节中，已经制作好一份公司宣传幻灯片，下面将以该幻灯片为例，来介绍如何运用PPT中相应的放映功能来对幻灯片进行放映操作。该案例中涉及到的命令有：排练计时、设置放映类型、自定义放映、打包及发布文稿等。

11.1.1 设置幻灯片放映类型

在PPT 2013中，幻灯片的放映类型包括演讲者放映、观众自行浏览、展台浏览3种类型，下面将进行详细地介绍。

步骤01 打开设置对话框。打开"2013沃邦公司宣传.pptx"素材文件，在"幻灯片放映"选项卡的"设置"选项组中，单击"设置幻灯片放映"按钮。

步骤02 设置放映类型。在"设置放映方式"对话框中的"放映类型"选项下，根据需要选择所需类型，默认选项为"演讲者放映（全屏幕）"。

步骤03 演讲者放映（全屏幕）。使用该选项放映演示文稿，此时用户可采用人工或自动方式放映，也可将演示文稿暂停或在放映过程中录制旁白。

步骤04 观众自行浏览（窗口）。在"放映类型"选项下，单击"观众自行浏览（窗口）"单选按钮，此时文稿将以窗口形式放映。在放映过程中，用户只能对演示文稿进行简单控制。

步骤05 在展台浏览（全屏幕）。单击"在展台浏览（全屏幕）"单选按钮，此时演示文稿可在不需要专人控制的情况下，自动放映演示文稿。该方式不能手动放映幻灯片，但可通过单击幻灯片中的超链接和动作按钮来切换。

步骤 08 设置切换方式。在"换片方式"选项区域中,选择满意的切换选项,即可对幻灯片切换方式进行设置。

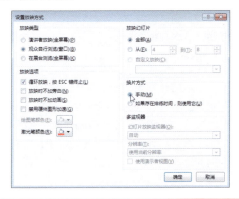

操作提示

设置放映方式功能项

若选择"在展台浏览(全屏幕)"放映类型后,此时在"放映选项"下的"循环放映,按ESC键终止"选项,为灰色不可用状态,此外"多监视器"功能也无法使用。

步骤 06 设置放映选项。在"放映选项"选项区域中,用户可对该演示文稿相关的放映选项进行设置。

操作提示

设置激光笔

在幻灯片放映过程中,用户可将光标转换成激光笔。其方法为:在幻灯片放映状态下,按Ctrl键后再按鼠标左键即可。放开Ctrl键及鼠标则可恢复光标样式。用户可在"设置放映方式"对话框中,对激光笔颜色进行选择设置。

11.1.2 设置排练计时

若想对幻灯片的放映时间进行预先设置,可使用PPT中的排练计时功能,其方法如下:

步骤 01 启用排练计时功能。在"幻灯片放映"选项卡的"设置"选项组中,单击"排练计时"按钮,启动该功能。

步骤 07 设置幻灯片放映范围。在"放映幻灯片"选项区域中,用户可根据需要选择演示文稿放映范围。

步骤 02 设置第1张幻灯片时间值。此时已进入幻灯片放映状态,在"录制"对话框中,系统将自动记录当前幻灯片放映的时间值。

步骤03 设置第2张幻灯片时间值。单击"下一项"按钮,则可切换至第2张幻灯片,此时系统将重新记录第2张放映时间值。

步骤04 暂停录制。在该对话框中,单击"暂停录制"按钮,则可暂停当前记录时间,在打开的系统提示框中,单击"继续录制"按钮,可继续记录时间值。

步骤05 完成录制。按照同样的操作,设置好其他幻灯片放映时间,单击"关闭"按钮,在打开的提示框中,单击"是"按钮,则可保留录制时间。

步骤06 查看录制时间。在幻灯片浏览视图中,用户可在每张幻灯片右下角查看放映时间值。

11.1.3 放映幻灯片

在PPT 2013中,放映幻灯片的方法有多种,用户可使用默认放映方式,也可以根据需要自定义放映。在幻灯片放映过程中,用户可根据需要对放映的幻灯片进行编辑操作,下面将介绍其具体操作方法。

1 从头开始放映

"从头开始"放映功能是默认放映方式,启动该功能后系统将自动从首张幻灯片开始放映。

步骤01 启用"从头开始"功能。在"幻灯片放映"选项卡的"开始放映幻灯片"选项组中,单击"从头开始"按钮,则可启动该功能。

步骤02 放映幻灯片。此时系统将转换至幻灯片放映状态,并按照幻灯片顺序,依次放映。

步骤03 选择幻灯片。在幻灯片放映过程中,若想快速定位某幻灯片,只需单击鼠标右键,在快捷菜单中,选择"定位至幻灯片"命令,并在其级联菜单中,选择所需幻灯片。

步骤04 快速定位幻灯片。选择完成后，系统将快速定位至所选幻灯片。

2 添加幻灯片标记

在PPT 2013中，用户可在幻灯片放映过程中，使用墨迹功能对幻灯片进行注释标记。下面将介绍其操作方法。

步骤01 选择选项。放映幻灯片时，单击鼠标右键，选择"指针选项"命令选项，并在其级联菜单中，选择合适的墨迹笔选项。

步骤02 绘制墨迹。此时，当光标呈红色圆点形状时，按住鼠标左键不放，拖拽圆点至满意位置，放开鼠标则可绘制幻灯片墨迹。

步骤03 保留墨迹。当退出幻灯片放映时，系统会打开相应的提示框，此时单击"保留"按钮，则会保留墨迹；而单击"放弃"按钮，则可清除墨迹。

步骤04 设置墨迹颜色。用户可对墨迹颜色进行设置。在右键菜单中，选择"墨迹颜色"选项，并在其颜色列表中，选择满意的颜色即可更改当前墨迹颜色。

操作提示

使用墨迹需注意

当幻灯片的放映类型为"观众自行浏览（窗口）"时，是无法使用墨迹功能。而当放映类型为"演讲者放映（全屏幕）"时，才可启动墨迹功能。

3 自定义放映幻灯片

用户可以根据放映场合的需要，使用"自定义幻灯片放映"功能进行幻灯片放映，其方法如下：

步骤01 启用相关命令。在"幻灯片放映"选项卡的"开始放映幻灯片"选项组中，单击"自定义幻灯片放映"按钮，选择"自定义放映"选项。

> **高手妙招**
>
> **其他幻灯片放映方式**
> 除了使用"从头开始"和"自定义放映"两种方法外，还可以使用快捷键进行放映。用户只需按"F5"键，即可快速放映当前演示文稿。

步骤02 新建放映名称。在"自定义放映"对话框中，单击"新建"按钮。

步骤03 输入放映名称。在"定义自定义放映"对话框中，设置好幻灯片放映名称，这里输入"沃邦公司宣传"字样，如下图所示。

步骤04 选择放映的幻灯片。选择要放映的幻灯片，其后单击"添加"按钮，此时被选中的幻灯片已添加到"在自定义放映中的幻灯片"列表中。

> **高手妙招**
>
> **删除自定义放映演示文稿**
> 若想删除自定义的演示文稿，只需打开"自定义放映"对话框，在"自定义放映"列表中，选择所需演示文稿，单击"删除"按钮即可删除。

步骤05 删除多余幻灯片。在"在自定义放映中的幻灯片"列表中，选择要删除的幻灯片，单击"删除"按钮，则可从该列表中删除。

> **操作提示**
>
> **设置放映顺序**
> 在"在自定义放映中的幻灯片"列表中，选择所需幻灯片，单击右侧"向上"按钮、"向下"按钮，即可改变被选中幻灯片的播放顺序。

步骤06 完成设置。幻灯片选择完成后，单击"确定"按钮，返回上一层对话框，此时在"自定义放映"列表中，可显示创建的文稿放映名称。

步骤 07 放映演示文稿。在该对话框中，单击"放映"按钮，此时系统将按照定义的放映方式进行放映操作。

步骤 08 选择名称放映文稿。退出放映操作后，若想查看自定义的放映效果，可在"幻灯片放映"选项卡的"自定义幻灯片放映"列表中，选择要放映的文稿名称，则可放映该文稿。

11.1.4 输出与打包演示文稿

演示文稿制作完成后，用户可根据需求对该演示文稿进行输出操作。下面将介绍几种常用的文稿输出操作。

1 打印演示文稿

演示文稿制作完成后，用户可将该文稿进行打印，其方法如下：

步骤 01 启用"页面设置"对话框。在"设计"选项卡单击"幻灯片大小"按钮，选择"自定义幻灯片大小"选项，打开相应的对话框。

步骤 02 设置幻灯片大小。在"幻灯片大小"对话框的"幻灯片大小"列表中，选择满意的幻灯片大小。

步骤 03 完成设置。用户也可在该对话框中，设置其他页面参数，然后，单击"确定"按钮，完成设置幻灯片页面设置。

步骤 04 设置打印参数。单击"文件"标签，选择"打印"选项，在"打印"界面中，用户可对"份数""打印机"以及打印页数进行设置。

步骤05 打印文稿。打印参数设置完成后，单击"打印"按钮，则可进行该文稿的打印操作。

2 设置幻灯片输出类型

在PPT 2013中，用户可将演示文稿转换成其他各种类型的文件，例如图片文件、Flash文件、网页等。下面将介绍其操作。

步骤01 输出图片格式。单击"文件"标签，选择"另存为"选项，在"另存为"对话框中，设置好文稿保存的位置及文件名，其后单击"保存类型"下拉按钮，选择满意的图片格式。

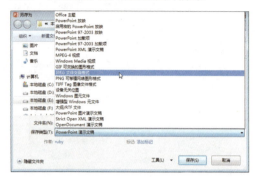

步骤02 完成操作。单击"保存"按钮，在打开的系统提示框中，根据需要选择相应的选项即可完成输出操作。

步骤03 查看设置效果。将其保存到指定位置后，可以打开查看设置的效果。

步骤04 输出PDF格式。单击"文件"标签，选择"另存为"选项，在打开的"另存为"对话框中，单击"保存类型"下拉按钮，选择"PDF（*.pdf）"选项，其后设置好保存位置，单击"保存"按钮即可完成操作。

步骤05 保存视频格式。在"另存为"对话框中，设置好保存位置，在"保存类型"列表中，选择"Windows Media 视频（*.wmv）"选项。

步骤06 完成视频输出操作。此时在PPT状态栏中，则可显示视频进度条，稍等片刻即可完成视频输出。单击进度条右侧"取消"按钮，可取消输出操作。

3 打包演示文稿

打包放映功能是为了使用户在没有安装PowerPoint软件的情况下，也能够正常观看演示文稿，其操作如下：

步骤01 选择相关选项。单击"文件"标签，选择"导出"选项，并在打开的设置界面中，选择"将演示文稿打包成CD"选项，其后单击"打包成CD"按钮。

步骤02 创建CD名称。在"打包成CD"对话框中，输入CD名称，并单击"选项"按钮，打开相应对话框。

步骤03 设置相关参数选项。在"选项"对话框中，根据需要设置参数选项，这里为默认设置。

步骤04 复制文件夹。单击"确定"按钮，返回至上一层对话框，单击"复制到文件夹"按钮，其后在打开的对话框中，单击"浏览"按钮。

步骤05 设置保存位置。在"选择位置"对话框中，设置好文稿保存位置，单击"选择"按钮。

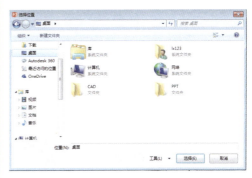

步骤06 显示打包结果。在返回到上一层对话框中，单击"确定"按钮，随后将给出复制进度提示。复制完成后，系统会自动打开相应的文件夹，此时已完成打包操作。

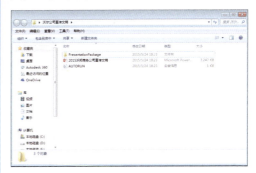

步骤07 安装播放器。在没有安装PPT程序的电脑中，打开该文件夹，双击"Presentation-Package"文件夹，选择"PresentationPackage.html"文件，打开相关网页，下载播放器并进行安装后，则可播放该演示文稿。

操作提示

AUTORUN.INF文件说明
打包文件夹中的"AUTORUN.INF"文件，是自动运行文件，若用户是打包到CD光盘上的话，该文件具有自动播放功能。

综合案例 | 制作生活礼仪常识演示文稿

中国具有五千年的文明史，素有"礼仪之邦"之称，生活中有着许许多多的礼仪礼节。适当的了解这些礼仪，可提升自己的涵养，并能够让自己在一些复杂社交关系中如鱼得水。下面将综合运用PPT中的相关命令，来制作生活礼仪常识演示文稿。

1 设置幻灯片背景样式

启动PPT 2013，新建幻灯片版式，其后选择幻灯片母版命令，即可对其母版样式进行设置。

步骤01 新建标题幻灯片。启动PPT 2013软件，在"开始"选项卡中，单击"新建幻灯片"下拉按钮，选择"标题幻灯片"选项。

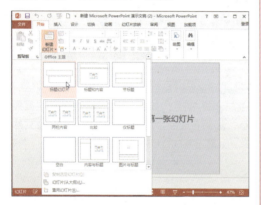

步骤02 打开母版视图。在"视图"选项卡的"母版视图"选项组中，单击"幻灯片母版"按钮，打开母版视图。

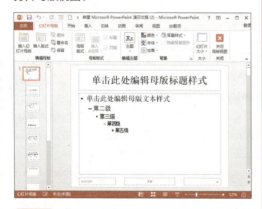

步骤03 打开背景格式对话框。选择第1张幻灯片母版，单击"背景样式"下拉按钮，选择"设置背景格式"选项。

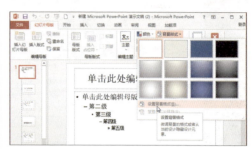

步骤04 选择背景图片。在"设置背景格式"窗格中，单击"图片或纹理填充"单选按钮，其后单击"文件"按钮，选择背景图片。

步骤05 设置透明度。单击"插入"按钮，返回上一层对话框，拖动"透明度"滑块，调整图片透明度。

步骤 06 完成背景图片填充。单击"关闭"按钮，关闭窗格，此时幻灯片母版已添加了背景图片。

步骤 07 创建内容幻灯片。关闭母版视图，在"开始"选项卡中，单击"新建幻灯片"下拉按钮，选择"标题和内容"选项。

步骤 08 绘制矩形。选择"标题和内容"幻灯片，打开幻灯片母版视图，单击"矩形"命令，绘制矩形形状。

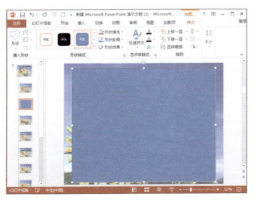

步骤 09 调整矩形透明度。选中矩形形状，单击鼠标右键，选择"设置形状格式"命令，在打开的窗格中，单击"颜色"下拉按钮，选择"白色"，并拖拽透明度滑块进行调整。

步骤 10 查看设置结果。将矩形设为"无轮廓"选项，设置完成后，即可查看母版背景效果。

步骤 11 关闭母版视图。在该母版幻灯片中，选中页脚占位符，按下 Delete 键，即可删除该占位符。其后单击"关闭母版视图"按钮，关闭母版视图，返回幻灯片视图。

2 设置标题幻灯片

幻灯片背景设置完成后，下面将输入幻灯片的标题内容了。

步骤01 删除副标题文本框。选中首张幻灯片，并选中副标题文本框，按 Delete 键将其删除。

步骤02 选择文本框底纹颜色。选中标题文本框，向下移动至满意位置，其后在"绘图工具－格式"选项卡中，单击"形状填充"按钮，并选择"渐变"选项，设置渐变色。

步骤03 输入标题内容。设置完成后，即可查看标题文本框底纹效果，其后输入标题文本内容。

步骤04 设置标题文本格式。选中标题文本，在"字体"选项组中，设置好文本的字体、字号及字形。

> **高手妙招**
>
> 使用大纲视图设置文本格式
>
> 在左侧幻灯片浏览窗格中，单击"大纲"选项卡，在其窗格中，选择所需文本，在"字体"选项组中，设置文本的字体、字号及字形，设置完成后，该幻灯片中的文本即可发生相应的变化。

3 设置正文幻灯片

下面将对幻灯片正文内容进行设置，其具体操作如下：

步骤01 调整第2张幻灯片版式。选中标题文本框，并将其移动至幻灯片左侧合适位置，输入标题内容。

步骤02 设置标题底纹。选中标题文本框，在"形状填充"选项列表中，对底纹颜色进行设置，其后设置好文本的字体格式。

步骤 03 输入文本内容。选中内容文本框,输入引言内容。

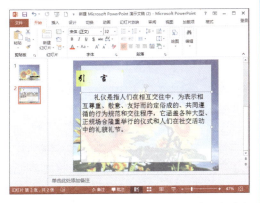

步骤 04 设置文本格式。选中该文本内容,在"字体"选项组中,对字体、字号进行设置。

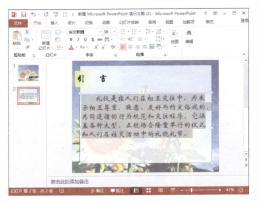

步骤 05 新建目录幻灯片。单击"新建幻灯片"下拉按钮,选择"标题和内容"选项,新建目录幻灯片。

步骤 06 输入目录幻灯片内容。在该幻灯片中,选择相应的文本框,并输入目录内容。

步骤 07 复制格式。选中"引言"幻灯片的"引言"文本框,单击"格式刷"按钮,将其格式复制到"目录"幻灯片的"目录"文本框。

步骤 08 设置目录内容字体。选中目录内容,在"字体"选项组中,设置目录字体。

步骤 09 新建正文幻灯片。在"新建幻灯片"选项下,选择"标题和内容"选项,新建 1 张幻灯片,并输入幻灯片内容。

步骤 10 设置正文幻灯片格式。使用"格式刷"功能,将"目录"格式复制到"一、仪态仪表礼仪"文本上,适当调整并设置其字号大小。

步骤 11 设置第 5~6 张幻灯片。按照以上同样的操作方法,制作第 5~6 张幻灯片内容。

步骤 12 插入表格。新建第 7 张幻灯片,输入文档内容,在"插入"选项卡中,单击"表格"按钮,插入 2 列 4 行表格。

步骤 13 输入表格内容。选中表格,将其移动至幻灯片合适位置,输入表格内容。

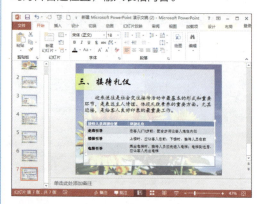

步骤 14 插入单元行。将光标放置最后一单元行任意处,单击鼠标右键,选择"插入"选项,并在级联菜单中选择"在下方插入行"选项。

步骤 15 设置表格格式。输入单元行内容,其后选中表格边框,在"表格工具-设计"选项卡的"表格样式"选项组中,选择满意的样式。

步骤 16 设置文本对齐方式。选中表格所需单元格，在"表格工具-布局"选项卡的"对齐方式"选项组中，选择满意的对齐按钮。

步骤 17 完成表格制作。选中所需单元格文本，将单元格文本加粗显示。

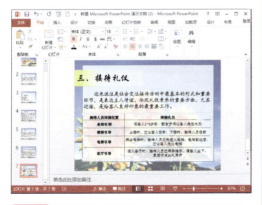

步骤 18 设置第 8 张幻灯片。新建第 8 张幻灯片，调整好幻灯片版式，输入幻灯片内容，并设置好其内容格式。

步骤 19 添加项目符号。选中所需文本内容，单击"开始"选项卡的"项目符号"按钮，选择项目符号，即可添加完成。

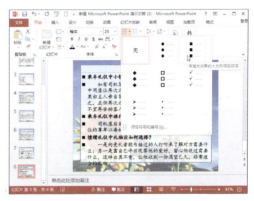

步骤 20 创建第 9 张幻灯片内容。创建第 9 张幻灯片，并输入好幻灯片内容及格式。

高手妙招

使用大纲视图输入或修改内容

在PPT中，用户对直接在幻灯片文本框中输入文本，也可在大纲视图中输入文本。其方法为：在左侧幻灯片预览窗格中，单击"大纲"窗格，保持幻灯片选中状态，按Enter键，另起一行，其后按Tab键降低大纲级别，即可输入幻灯片文本内容。若需修改文本，只需在"大纲视图"中选择相应的文本进行修改。

步骤21 创建第10张幻灯片版式。新建第10张幻灯片，切换至"插入"选项卡，在"文本框"列表中，选择"横排文本框"选项，创建空白文本框，输入文本内容。

步骤22 选择插入图片。在占位符中，单击"图片"按钮，在"插入图片"对话框中，选择所需图片。

步骤23 调整图片大小。单击"插入"按钮，插入图片。其后选中图片任意角点，按住鼠标左键，拖动角点至满意位置，放开鼠标即可调整该图片的大小。

步骤24 制作剩余幻灯片内容。按照以上的操作方法，设置剩余幻灯片内容。

4 设置幻灯片超链接

下面介绍在第3张幻灯片中插入超链接，其具体操作如下：

步骤01 选择文本。在该幻灯片中，选择"一、仪态仪表礼仪"文本内容。

步骤02 打开超链接对话框。在"插入"选项卡中,单击"超链接"按钮,打开相应的对话框。

步骤03 选择链接幻灯片。在"链接到"列表框中,选择"本文档中的位置"选项,其后在"请选择文档中的位置"列表框中,选择"4.一、仪态仪表礼仪"幻灯片。

步骤04 完成操作。单击"确定"按钮,完成链接操作。

步骤05 设置"见面礼仪"链接。在"目录"幻灯片中,选择"二、见面礼仪"文本,在"插入超链接"对话框中,将该文本链接至相应的幻灯片中。

步骤06 完成操作。按"确定"按钮,完成该文本链接操作。

步骤07 完成其他文本链接操作。按照以上超链接的方法,完成"目录"幻灯片中其他文本的链接操作。

5 插入背景音乐

在首张幻灯片中,用户可对该演示文稿添加背景音乐,其操作方法如下:

步骤01 启用音频功能。选择首张幻灯片,在"插入"选项卡中,单击"音频"下拉按钮,选择"PC上的音频"选项。

步骤02 选择音频文件。在"插入音频"对话框中,选择所需音乐文件。

步骤03 插入音频。选择完成后,单击"插入"按钮,稍等片刻即可完成音频文件的添加操作。

步骤04 打开音频剪辑对话框。选中添加的音频文件,在"音频工具－播放"选项卡的"编辑"选项组中,单击"剪辑音频"按钮。

步骤05 剪辑音频。将光标移至音频进度条左侧滑块上,向右拖动滑块至满意位置,可设置音乐起始位置。

步骤06 完成设置。单击"播放"按钮,可试听该音频文件,单击"确定"按钮,完成音频编辑设置。

步骤07 设置淡化持续时间。在"编辑"选项组中,设置好"淡入"和"淡出"时间值。

步骤08 设置音频选项。在"音频选项"选项组中,勾选"跨幻灯片播放""放映时隐藏"及"循环播放,直到停止"复选框。

步骤 09 设置音频音量。单击"音量"下拉按钮，选择"中"选项，完成音频音量的设置。

6 添加幻灯片动画

下面将为该演示文稿添加动画效果，其操作方法如下：

步骤 01 选择动画效果。选择首张幻灯片中的标题文本框，在"动画"选项组中，选择"飞入"动画效果。

步骤 02 设置效果选项。在"动画"选项组中，单击"效果选项"按钮，选择"自右侧"选项。

步骤 03 设置"开始"选项。在"计时"选项组中，将"开始"设为"上一动画之后"选项，并将"持续时间"设为1秒。

步骤 04 预览动画。单击"预览"选项组的"预览"按钮，可预览动画。

步骤 05 添加第2张幻灯片动画。选择第2张幻灯片标题文本框，在"动画"选项组中，选择"浮入"动画效果。

步骤 06 设置文本动画。选中内容文本框，设置为"翻转式由远及近"动画效果。

步骤 07 设置标题动画参数。在该幻灯片中，选中标题文本框，将"开始"设为"上一动画之后"。

步骤 08 设置内容动画参数。在该幻灯片中，选择内容文本框，将"开始"设为"上一动画之后"，将"延迟"设为0.8秒。

步骤 09 预览动画。单击"预览"按钮，可预览该幻灯片动画效果。

步骤 10 设置目录幻灯片动画。选中第3张幻灯片中的"目录"文本框，将其动画设为"浮入"效果。

步骤 11 设置标题动画参数。在"计时"选项组中，将"开始"设为"上一动画之后"。

步骤12 设置内容动画。选中内容文本框，将动画设为"飞入"效果，并将"效果选项"设为"自右下部"选项。

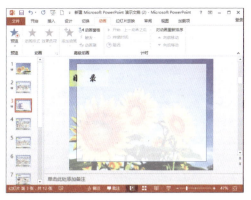

步骤15 添加第4张幻灯片动画。选中第4张幻灯片标题文本框，将其动画设为"浮入"效果，其后在"计时"选项组中，设置好动画参数。

步骤13 设置动画参数。选择该幻灯片的文本框，在"计时"选项组中，对动画参数进行设置。

步骤16 设置内容动画。将幻灯片内容设为"形状"动画效果，将"效果选项"设为"缩小"。

步骤14 查看动画效果。单击"预览"按钮，预览该幻灯片动画效果。

步骤17 设置内容动画参数。选中内容文本框，在"计时"选项组中，设置好动画参数。

步骤18 查看效果。单击"预览"按钮,查看该幻灯片动画效果。

步骤19 设置剩余幻灯片动画。按照以上方法对剩余幻灯片设置不同的动画效果,并对其参数进行设置。

7 设置幻灯片切换效果

下面将为该演示文档添加幻灯片切换效果,其具体操作如下:

步骤01 选择切换效果。选中首张幻灯片,在"切换"选项卡的切换效果列表中,选择"分割"效果。

步骤02 预览切换效果。在"切换"选项卡的"预览"选项组中,单击"预览"按钮,则可预览该幻灯片切换效果。

步骤03 设置效果选项。在"切换到此幻灯片"选项组中,单击"效果选项"下拉按钮,选择"中央向上下展开"选项。

高手妙招

设置音频图标

PPT 2013 中音频外观是以喇叭图标样式显示，若想更换图标，只需在"音频工具－格式"选项卡的"调整"选项组中，单击"更改图片"按钮，在"插入图片"对话框中，选择新图标，单击"插入"按钮即可更改音频外观。

步骤 04 添加第 2 张幻灯片切换效果。选中第 2 张幻灯片，在切换效果列表中，选择"溶解"效果。

步骤 05 设置效果选项。单击"预览"按钮，则可预览该幻灯片切换效果。

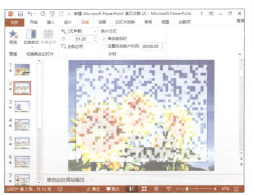

步骤 06 设置第 3 张幻灯片切换效果。选择第 3 张幻灯片，将切换效果设为"百叶窗"效果。

步骤 07 查看切换效果。单击"预览"按钮，查看该幻灯片切换效果。

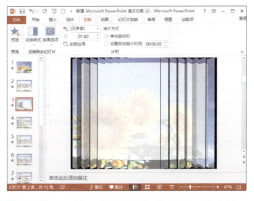

步骤 08 设置第 4 张幻灯片切换效果。选中第 4 张幻灯片，将切换效果设为"蜂巢"效果。

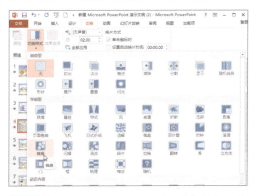

步骤 09 查看切换效果。单击"预览"按钮，查看该幻灯片切换效果。

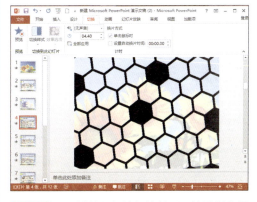

步骤 10 设置其他幻灯片切换效果。按照以上操作方法，将剩余幻灯片添加相应的切换效果，下图为第 12 张幻灯片切换效果。

8 自定义放映幻灯片

演示文稿制作完成后，下面将对其放映方式进行自定义设置，其方法如下：

步骤 01 打开"自定义放映"对话框。在"幻灯片放映"选项卡中，选择"自定义放映"选项。

步骤 02 新建放映名称。在打开的"自定义放映"对话框中，单击"新建"按钮，打开"定义自定义放映"对话框，从中新建幻灯片名称。

步骤 03 选择幻灯片。在"在演示文稿中的幻灯片"列表框中，选择所需放映的幻灯片，并单击"添加"按钮，将其添加至"在自定义放映中的幻灯片"列表框中。

步骤 04 完成设置操作。单击"确定"按钮，返回"自定义放映"对话框，单击"放映"按钮，则可放映该演示文稿。

步骤 05 输出 PDF 格式。执行"文件 > 另存为"命令，在"另存为"对话框中，设置保存位置及名称，单击"保存类型"下拉按钮，选择"PDF（*.pdf）"选项，单击"保存"按钮，完成文稿输出操作。

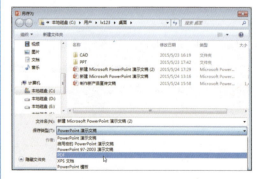